穿越微生物王国

李　辉 主编

SPM 南方出版传媒、广东人民出版社
·广州·

图书在版编目（CIP）数据

穿越微生物王国 / 李辉主编 .— 广州：广东人民出版社，2021.8（2021.11 重印）

ISBN 978-7-218-14685-0

Ⅰ.①穿… Ⅱ.①李… Ⅲ.①微生物—普及读物 Ⅳ.①Q939-49

中国版本图书馆 CIP 数据核字（2020）第 243369 号

CHUANYUE WEISHENGWU WANGGUO

穿越微生物王国

李辉 主编

出 版 人： 肖风华

责任编辑： 李力夫
责任技编： 吴彦斌 周星奎
装帧设计： 尛 玖

出版发行： 广东人民出版社
地　　址： 广州市海珠区新港西路 204 号 2 号楼（邮政编码：510300）
电　　话：（020）85716809（总编室）
传　　真：（020）85716872
网　　址： http://www.gdpph.com
印　　刷： 北京彩虹伟业印刷有限公司
开　　本： 880mm×1230mm 1/32
印　　张： 7　　**字　　数：** 114 千
版　　次： 2021 年 8 月第 1 版
印　　次： 2021 年 11 月第 2 次印刷
定　　价： 49.80 元

如发现印装质量问题，影响阅读，请与出版社（020-85716849）联系调换。
售书热线：（020）85716826

本书编委会

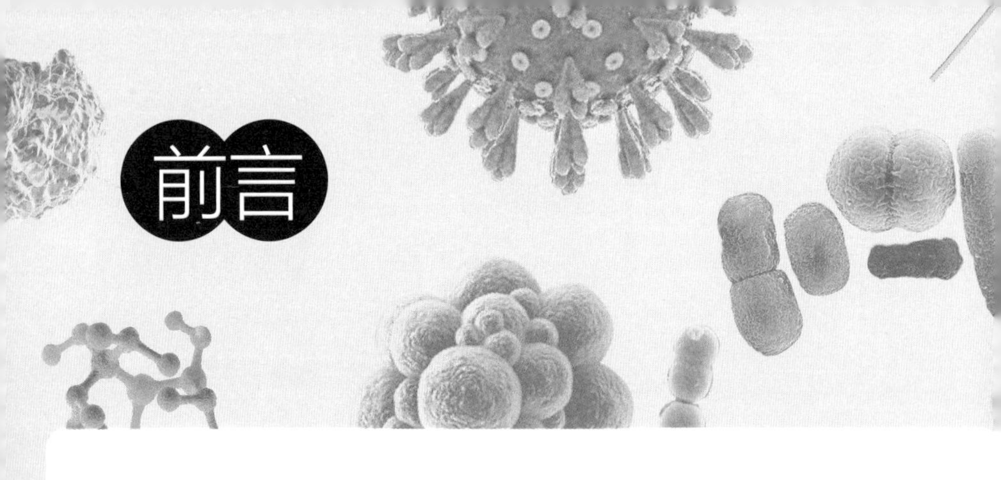

前言

飞禽走兽、草木茂林组成的动植物世界是大自然能被我们直接看到的一面，除了它们，大自然中还有一类生物，我们用肉眼很难直接看到它们，但它们的世界丰富多彩。

它们很小，1角钱硬币的直径都比它们的直径大几十倍到几万倍，因此，大多数时候我们必须借助显微镜才能窥得它们的“真容”。比个头，它们比不过动植物，但比体积的话，它们其实是不输动植物的。碳元素是生物体中含量很大也很重要的一种元素，而它们这个群体所含有的碳元素的总和基本和地球上所有植物所含有的碳元素之和差不多。

它们几乎无处不在，有动植物的地方就有它们的足迹，没有动植物的地方，嘿，那也有它们的身影，它们是不是神通广大呢？比如，温度超过100℃的海底火山口附近、低至－12℃的冰湖里，盐度高于20%的盐湖里，甚至压力超过大气压1000倍的深海和地下，等等，这些地方都有它们的足迹。

它们长得可快了，相比于动植物按月和年计算的生长周期，它们最快在十几分钟内就可以完成一个生长周期，这样的生长速度导致的一个结果是，它们的数量非常庞大，有科学家曾经估计它们的总数能达到 2.5×10^{30} 个，这简直是一个天文数字啊！它们的种类也有很多，且形状多样，包括但不限于球形、椭圆形、棒状、螺旋状、丝状等。

你是不是很想知道它们到底是“何方神圣”呢？别着急，我们慢慢说。科学家给这一类生物起的名字叫微生物——微小的生物。往细了分，它们还可以被分成原生动物、单细胞藻类、具有细胞核的真菌、不具有细胞核的细菌、病毒，等等。

微生物在自然界中的分量很重，和人类的关系也很紧密。比如真菌中的青霉菌，由它所产生的青霉素是一种很重要的抗生素，曾在人类历史上帮助人类抵抗疾病，挽救了无数人的生命。人们喝的酒，其主要的成分就是由酵母菌发酵而产生的乙醇和其他风味物质。我们经常喝的酸奶，日常食用的酱油、醋，以及一些液体燃料的生产都离不开微生物的参与。

第一章的主题是“中心法则”与“RNA 世界学说”。“中心法则”讲的是遗传信息的传递过程，深刻地理解“中心法则”是理解后续章节的基础。在这一章节，我们将带你去了解，作为遗传信息载体的 DNA 是如何一步步将遗传信息传递下去，并转化成能够赋予微生物各种功能的蛋白质的。

第二章的主题是微生物的“弹药库”。古语有云“工欲善其事，必先利其器”，我们想要改造微生物，首先得拥有好的改造工具。在这个章节，我们将带你了解科学家是如何改造微生物的。

第三章的主题是环保“小能手”。在地球的早期，光合微生物的出现改变了地球的大气环境，孕育了更加高等的生物，时至今日，在改造环境方面，它们依然有着巨大的潜力。这一章节将会展现微生物在解决人类当前面临的各种环境问题中所具有的可能性，同时也会介绍微生物是如何适应各种极端环境的。

第四章的主题是微生物与人类健康。微生物与人类健康的关系可能是人类最为关注的一个话题，因为人类与微生物的关系会直接影响人类自身的安危。在这一章节里，你将了解那些寄生于我们身体的微生物是如何与我们休戚与共的，还会了解，当我们能够与微生物和谐相处时，庞大的微生物世界将是一个巨大的“宝库”，科学家能从中找到很多治疗疾病的方案。但是，当我们与有些微生物相处得不好时，它们也能化身为“死神”，无情地夺走我们的生命。

第五章的主题是打破物种边界。微生物种类众多，它们拥有不同的特性、不同的功能，随着我们对微生物世界持续地探索，以及对微生物改造能力的提升，微生物的功能边界会不断地被拓宽。另外，就功能而言，微生物和其他物种的边界也会逐渐模糊。在这一章节里，你将会了解科学家在打破物种边界方面的尝试，这些尝试包括让微生物拥有类似于动物、植物和昆虫的某些能力，是不是很有趣呢?

第六章的主题是微生物与人类的未来。现在看来，改造微生物，赋予它们各种各样好玩、新奇的能力是一个很重要、很热门，也很前沿的研究领域。在这一章节里，你将会了解一些跟微生物相关的比较炫酷的技术和应用，这些可能是你从来没有听说过的，甚至，你连想都不敢想呢。

了解了这些，你会不会发现，其实，微生物还是人类的好朋友呢。在这本书中，我们将从这6个方面带你“穿越微生物王国”，全面地认识微生物。

微生物的世界非常广阔，目前人类所触及的只是冰山一角。牛顿曾说：“如果说我比别人看得更远些，那是因为我站在巨人的肩膀上。”本书的作者来自中国科学院青岛生物能源与过程研究所、中国科学院深圳先进技术研究院合成生物学研究所、中国科学院遗传与发育生物学研究所、中国科学院烟台海岸带研究所、北京大学、上海交通大学、西北农林科技大学、北京蓝晶微生物科技有限公司，书中每篇文章的研究主题大部分是作者所从事或所熟知的领域。

我们希望这本书能让你对这精彩纷呈的微生物世界有更多的了解。虽然我们不是“巨人”，但也希望我们的文字能够让你在未来想象微生物时有一个比较高的起点，也真诚地希望我们和你在未来探索微生物世界的路上能再次相遇！

李辉

中国科学院青岛生物能源与过程研究所

2020年5月30日

Across The Microbial Kingdom
目录
CONTENTS

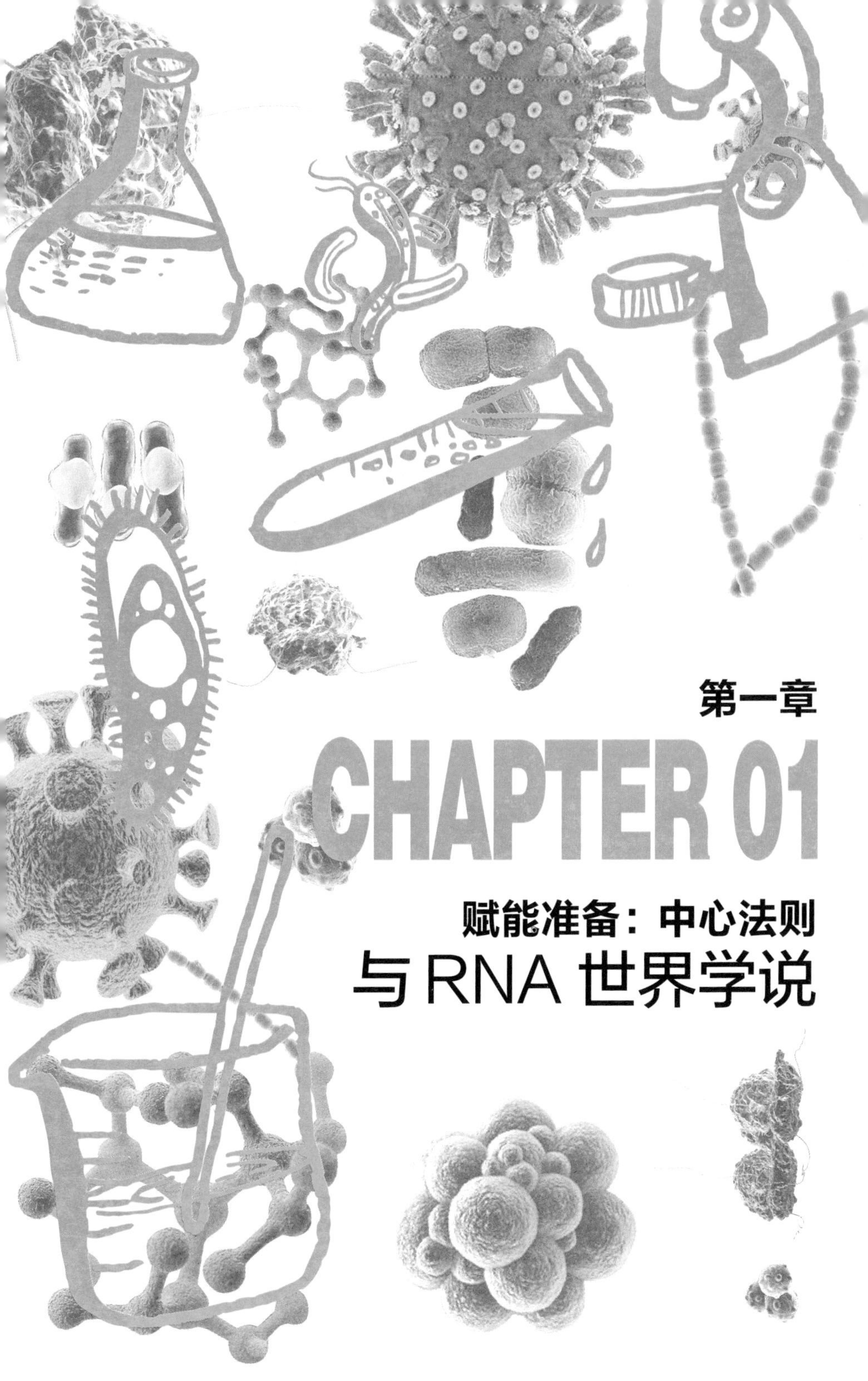

第一章

CHAPTER 01

赋能准备：中心法则与RNA世界学说

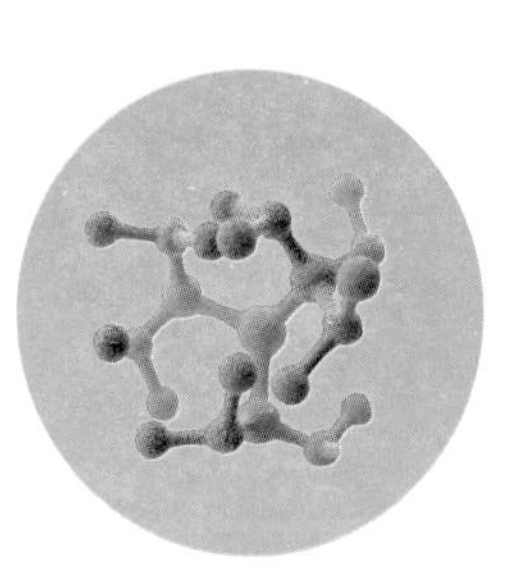

神奇的“中心法则”

为什么小老鼠长得都一样？为什么花儿会有各种各样的颜色？为什么鸟儿都有羽毛？为什么自己的眼睛和爸爸的长得一模一样？小朋友经常会有这样的疑问，其实，这所有的一切都离不开“遗传”二字！

“遗传”这个词经常被提起，而它第一次出现是在 19 世纪后期。什么是遗传呢？通俗来讲就是，遗传物质随着生命一代又一代地传递下去。那么，这种“遗传物质”是什么呢？为什么会对生物体遗传的性状起决定性作用呢？

在生物学史上，关于“遗传物质本质上究竟是什么”的争论持续了很长一段时间，一部分人认为遗传物质是核酸，还有一部分人认为遗传物质是蛋白质。

直到 1955 年，在首批分子生物学家和免疫化学先驱之一的艾弗里的实验室里，这个问题得到了验证，证实了遗传物质就是核酸，也就是脱氧核糖核酸（DNA）分子，但并没有引起很大的反响。而 DNA 在后来真正被人们关注，是因为当时美国长岛冷泉港噬菌体小组的赫尔希和蔡斯通过噬菌体侵染实验揭示了 DNA 复制和新的噬菌体颗粒的产生这一现象。

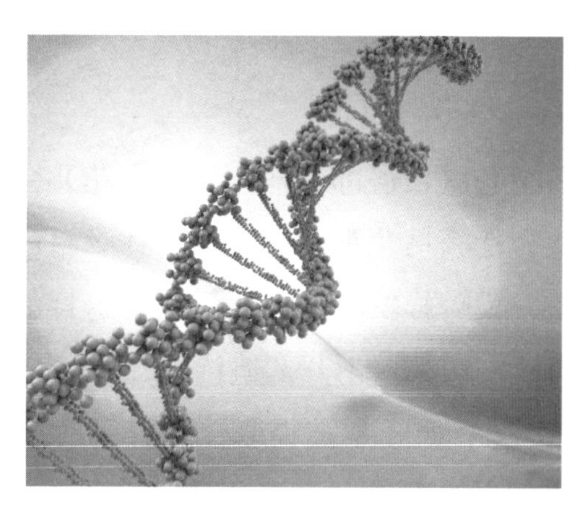

DNA 的两个链条相互缠绕

经典“中心法则”的诞生

20 世纪四五十年代，科学家们已经确认 DNA 为遗传物质。生物学家们对 DNA 产生了浓厚的兴趣：为什么它能让生命的特征遗传下去呢？带着这个问题，一些研究生物大分子结构的生物学家们开始尝试探索 DNA 的结构。

1951 年，在新西兰出生的英国生物物理学家威尔金

斯以及英国化学家和 X 射线晶体学家富兰克林获得了关于 DNA 的高质量的 X 射线衍射图谱，这张图对于作为诺贝尔奖得主的英国科学家克里克和美国科学家沃森后来能够提出“DNA 双螺旋结构”具有非常重要的意义，而这一结构模型的提出也具有划时代的意义！

但新的问题又来了，遗传信息又是怎么传递的呢？1957 年，克里克首次以假说的形式提出了“中心法则”。这项法则初步阐明了遗传信息在细胞内生物大分子之间的传递过程，即遗传信息从 DNA 向 RNA（核糖核酸）传递，再从 RNA 向蛋白质传递。要知道，这在生物学史上可是具有重要意义的！

这个传递过程就像我们玩的“传球游戏”一样。我们把遗传信息比作“球”，假设第一个人是“DNA”，第二个人是“RNA”，最后一个接到球并投出球的人是“蛋白质”，能否赢得胜利不仅在于最后一个人表现如何——能否进球，更重要的是每个人在传球过程中的表现，这决定着能否将球稳稳地传递到下一个人的手中。

“中心法则”的提出标志着分子遗传学的诞生，但是，随着科学家们不断地研究，人们对一些自然规律的认识也不断被刷新。从“中心法则”被提出至今，已经有非常多的研究刷新了人类对“中心法则”的认知，相关研究成果还获得了诺贝尔奖。

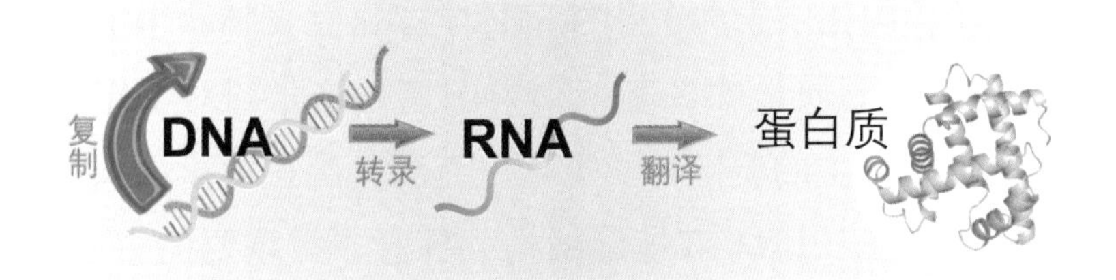

中心法则的最初形式（图片来源：李颉绘制）

“中心法则”舞台上的主角

细胞的微观世界存在着无以计数的大小分子，那么“中心法则”舞台上的DNA、RNA和蛋白质到底是何方“神圣”，竟然扮演了如此重要的角色呢？

1.DNA——决定生物性状

我们先来看一下DNA的自我介绍：“我叫DNA，也就是脱氧核糖核酸，我是由不同的脱氧核糖核苷酸组成的长链双螺旋大分子，其中核苷酸的顺序和种类成为遗传信息，而只有能够形成RNA或者蛋白质的DNA片段才能继续传递遗传信息，这部分片段也被称为最基本的遗传单位——基因。”

简单说就是，基因对生物性状起决定性作用，通过遗传，拥有相同或者类似基因的生命体会有相似的性状，比如鸟类都拥有羽毛，孩子拥有和妈妈一样漂亮的双眼皮，等等，这些都是基因的作用。

那么，DNA 是怎么合成的呢？这个问题可是困扰了生物学家很多年！

1955 年，美国生物化学家阿瑟·科恩伯格发现在 DNA 的合成过程中，模板 DNA 分子必不可少，证实了 DNA 复制过程中 DNA 聚合酶的存在，并且人工合成了 DNA。虽然明确了有细胞结构的 DNA 合成机制，但是，自然界中并不是所有生物都具有细胞结构。

难道还有生物不是由 DNA 组成的吗？比如病毒，作为一种在细胞内寄生的非细胞生物体，最初人们对它知之甚少，直到有三个人经过独立且合作的研究后，才最终证实了其遗传物质，也就是 DNA 发生了“遗传重组”现象。病毒侵入细胞后，会劫持宿主的转录和翻译机器，不断复制自己的 DNA，产生新的病毒细胞。

2.RNA——影响生物性状的“潜力股”

DNA 在接到“遗传信息”后，会将它传递给 RNA。什么是 RNA 呢？RNA 就是核糖核酸，是“中心法则”中的“桥梁”，是由 DNA 转录形成的单链分子。RNA 能够经过一系列的翻译产生一种物质——蛋白质，它是细胞生理功能的执行者。那是不是 DNA 所有的信息都会传递给蛋白质呢？当然不是。

首先，不是所有的DNA都能被转录成RNA，也不是所有的RNA都能被翻译成蛋白质，因为不是每次“传球”都可以完美地实现，“球”也有可能掉到地上。

其次，翻译形成的蛋白质也不会马上发挥作用，它还要经历一些磨难和修饰才能实现它的价值。比如，最后一位投球的人可能想要展示一些炫酷的动作后才投球，这可能使投球“锦上添花”，也有可能导致投球失败。

除此之外，环境和外界的一些因素也会对RNA的翻译产生影响。

在最初的“中心法则”中，人们只知道DNA中储存的遗传信息是通过转录单向流入RNA。但是，随着研究的进一步深入，科学家们发现RNA竟然也可以反向用于合成DNA。看来它们两大“家族”可真是相辅相成啊。1970年，美国遗传学家霍华德·马丁·特明和美国生物学家戴维·巴尔的摩分别在病毒颗粒中发现了逆转录酶。逆转录酶又是何方“神圣”呢？它是能将RNA转化成DNA的“大神”。此后，“遗传信息也可以从RNA流向DNA”这一观点被正式提出，进入大众的视野。

你以为这就结束了？不，科学家们对生命遗传过程

的研究可从来没有停止过。通过对病毒的研究，他们发现 RNA 也可以是某些生物的遗传物质，同样可以通过复制和翻译的方式将遗传信息进行存储、传递。人类对遗传学的认知又开始了一个新的篇章。

3. 蛋白质——生命活动的执行者

我们常常说要补充蛋白质，到底什么是蛋白质呢？它是由 20 多种氨基酸分子组成的大分子，是生命形成的物质基础，也是生命活动的主要承担者。

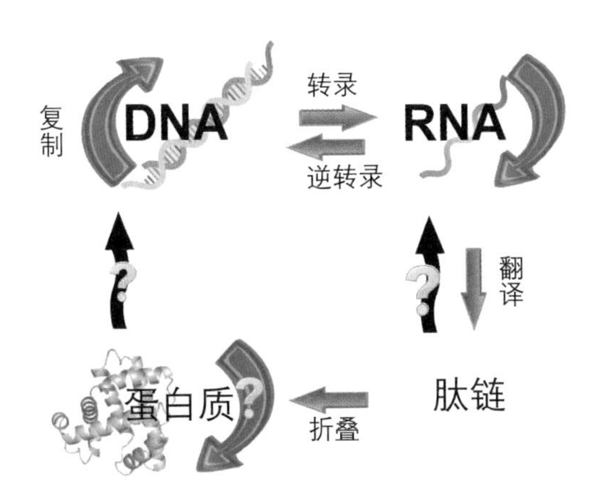

日渐完善的“中心法则”（图片来源：李颉绘制）

自从DNA作为遗传物质被确定后，人们也一直在思考，DNA分子的核苷酸序列、RNA分子的核苷酸序列是如何精确地传递到蛋白质中，成为氨基酸序列的呢？这听起来有一点复杂，核苷酸序列携带着遗传密码，那么它与氨基酸序列之间的关系到底是怎样的呢？我们会继续探索，一步步揭开它们之间的秘密！

“中心法则”被颠覆了吗？

你听说过“朊病毒”吗？是不是感觉很陌生呢？如果你看过丧尸片，是不是对影片中被丧尸攻击后的传染感到恐怖呢？接下来即将出场的朊病毒更恐怖，因为它是一种具有传染性的病毒。无论是人类还是动物，吃了带有这种病毒的东西就会被感染。如果动物被感染，会做出怪异的、强烈的攻击行为；如果人类被感染，会产生各种神经系统疾病，而且都是无法治愈的，比如帕金森综合征。

大千世界，病毒种类繁多，为什么我们单单提到朊病毒呢？因为这种病毒只含有蛋白质，不含任何核酸，却能够以“复制”的方式进行传播，这和我们

前面提到的“中心法则”背道而驰。难道这种朊病毒要彻底打破“中心法则”了吗？答案是：不会！接下来让我们具体研究一下朊病毒的成分，解开这个疑惑。

朊病毒，现在更多地被称为朊粒（PrP^{Sc}），它的前身其实是一种无毒性的正常 PrP^{c} 蛋白，但是当它的构象改变，就变成“恐怖分子”——朊粒。

朊病毒具有传染性，主要是因为朊粒接触了正常的无毒性蛋白 PrP^{c} 后会将其变构为“恐怖分子”，“变身”后新产生的朊粒又会感染其他正常的 PrP^{c} 蛋白。就这样，生物体内的朊粒越来越多，从而生物体产生一系列疾病症状。

朊粒依然是由基因编码产生的，而且它自身不能复制，只能通过诱导正常蛋白构象转变从而引起疾病的产生和传播，这并不违背“中心法则”。

万物皆有源。虽然，关于生命起源的问题一直没有明确定论，但目前来看，DNA 依然是生命遗传的“蓝图”，它会随着细胞的每一次分裂、复制进而平分到子代细胞中。这也就是孩子会遗传父母各种特征的原因。

一些构造简单的微生物，它们通过 DNA 的分裂代代相传，因此，彼此拥有相同的遗传信息。那么，这个代代相传的过程具体是怎样的呢？接下来就让我们走进这个奇妙的微观世界一探究竟吧！

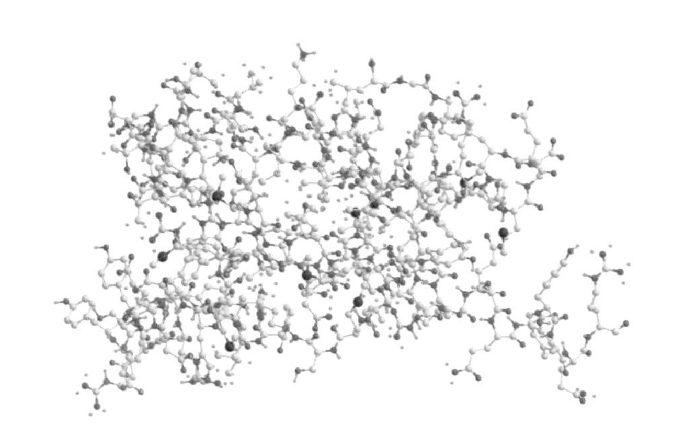

朊病毒（朊蛋白）的分子结构图

DNA 的“真面目”

DNA 到底有什么特殊的本领，能够在众多生物分子中脱颖而出，担起遗传的重任呢？在奇妙的微观世界里，细胞内的 DNA 复制可以说是一种神奇的“魔法”。为了破解这个魔法，科学家们可是煞费苦心。

科学家们发现，DNA 之所以有遗传的本事，与它的分子结构密不可分。

DNA 通常呈双链螺旋的结构，2 条单链都是由 4 种

不同的脱氧核糖核苷酸组成，它们反向平行、互相缠绕。关于 DNA 的结构，我们可以将它比作乐高积木，就像有 4 种不同的积木单元（脱氧核糖核苷酸），它们分别叫作腺嘌呤（A）、鸟嘌呤（G）、胞嘧啶（C）和胸腺嘧啶（T）。而其中蕴含的遗传信息可以理解为这些“积木单元”排列的顺序，就像积木按不同的顺序搭建将会得到不同形状的物体，因为排列顺序不同，遗传信息就会不同。

但是，并不是所有的“积木单元”都能显露在外边被我们看见。有的可能在内部起结构性的支撑作用。在 DNA 序列中，有的 DNA 片段是无法直接控制生物性状的，它们只能起到结构性或者调控性的作用，但必不可少。只有那些能够直接控制生物性状的 DNA 片段才能被生命表现出来，我们把它叫作基因。也就是说，基因是每个 DNA 链上能够控制生物性状的片段。

那么 DNA 是怎样形成的呢？当然是复制。由 1 个 DNA 分子复制成 2 个 DNA 分子，继而 4 个、8 个……就像我们按照模板搭积木的过程——从 4 种“积木单元”中选其一，不断地累积，根据不同的模板，最终得到不同的形状。

科学家们怎么舍得让 DNA 只停留在微观世界，它必须被带到现实世界中，在这个广阔无边、充满无限可能的大舞台上，把它的魔法发挥到极致，充满各个领域，让这个世界因它而更加多姿多彩！

于是，科学家们各显神通，将胞内DNA复制的灵感运用到各行各业。这其中值得一提的是聚合酶链式反应（PCR）。

可能你对这个名词感到很陌生。但或许你在一些科幻作品中看到过这样的情节，利用一点DNA克隆得到另一个生命个体，又或许在一些影视剧中看到探案人员通过毛发中的DNA就能判断凶手的身份。这就是聚合酶链式反应的功劳。因为DNA分子是由两条链构成的，双链之间通过非共价键结合，所以结合力不是太强，当环境中的温度或者pH值较高时，结合力就更弱了。当结合力不强时，双链就可能分为单链，这个过程叫作DNA的变性。但是，这种结合力比较神奇的地方在于，当环境温度下降时，结合力又重新恢复，DNA又可以重新形成双链，这个过程称为DNA的复性。这是不是挺神奇的呢？

既然DNA拥有变性和复性的特征，还能够复制产生大量的目的基因，那么我们就可以实现人为可干预的DNA复制过程。这的确是基因研究的一大突破。在这个基础上，1985年，美国著名化学家凯利·穆利斯发明了体外快速扩增 DNA 的 PCR 技术。这一技术的出现，使得短时间内在体外大量扩增目的基因成为一件可以操作的事情，而且不必依赖大肠杆菌、酵母菌等生物体的胞内过程。

PCR 技术在生物学实验中占据了举足轻重的地位，是我们向微观世界学习的结果。随着科学的发展，越来越多的新技术不断涌现：环介导等温扩增技术、依赖核酸序列的扩增技术、滚环扩增技术、单引物等温扩增技术等。这些新技术的出现，对科学发展的助力无疑是巨大的。

“RNA 世界学说”中的主角

38 亿年前，地球上就已经存在生命了。它们延续、演变，从未终止。不仅仅地球，整个自然界乃至整个宇宙，几十亿年前都有生命的存在。在浩瀚无边的宇宙中，尘埃、星云漫无目的地游荡，星球按照自己的轨迹日复一日、年复一年地运转，偶尔发生碰撞，但也只是发出转瞬即逝的光亮。宇宙是如此的孤寂、静谧，但它又是那么的神秘，因为它孕育着所有星系、天体以及生命。那么，生命的起源是什么呢？它们何时、何地、以何原因出现，又是以一种什么样的形式一代一代遗传、存活下来的呢？

探索生命起源（图片来源：李颉绘制）

科学家们一直在探索这个问题，其中美国分子生物学家沃尔特·吉尔伯特提出的“RNA世界学说”得到了绝大部分人的支持。“RNA世界学说”认为：生命的演化是由简单到复杂，因此具有更为简单结构的RNA很可能是生物大分子的起源。RNA功能多样，不仅能够作为承担DNA遗传信息的载体，还能执行一些蛋白质的功能（如催化），为早期的细胞或者生命运动提供一切所需。不仅如此，DNA的合成也离不开RNA的协助。种种迹象表明：RNA很可能就是生命的起源。

在“中心法则”中，RNA只是遗传信息的传递者，起到一个承上启下的作用。从1961年mRNA（信使RNA）被证明是DNA和蛋白质中的“夹心”开始，RNA的地位似乎有些“不上不下”，虽然不可缺少，但在DNA和蛋白质面前似乎总显得“低人一等”。因为大多数生命将遗传物质储存在DNA中，而生命活动的直接执行者又是蛋白质，好像没有RNA什么事。

而在“RNA世界学说”中，RNA却是当之无愧的“主角”，是幕后“大BOSS”级别的存在。因为现存生命的一些迹象表明，RNA可能是更为古老的生物大分子。没有RNA，DNA的遗传信息无法继续流传；没有RNA，蛋白质无法合成。也许，对于RNA而言，DNA只是它的“傀儡”，蛋白质则是它的“阵前大将军”。

随着科研成果的不断累积和深入，人们对RNA的认识也逐渐清晰。RNA是由核糖核苷酸分子聚合形成的大分子，通常以DNA为模板，经由RNA聚合酶催化转录而成。除此之外，还有一些RNA的合成是以RNA作为模板，由RNA复制酶合成新的RNA。即使经过了漫长的进化，如今它的作用仍是举足轻重的。

RNA不同于DNA，是单链条的形式

RNA的“必备技能”

1. 存储技能

在结构上，RNA与DNA十分相似，而且也能进行自我复制，存储遗传信息。在“RNA世界学说”中，RNA之所以被认为是生命的起源物质，主要是因为在生物合成途中的先后顺序。

从化学角度以及分子结构来看，DNA与RNA的区别在于有无羟基（—OH）。通常情况下，RNA上的羟基被移除后，就能形成DNA，所以很多科学家认为，合成DNA的前提是RNA能够先在细胞中生成。

这个过程并不简单，可谓十分艰难，因为RNA通常以较为简单的单链形式呈现，这种结构的它就像刚出生的幼鸟——没有什么技能，却又对一切充满好奇，“性格活泼”但又“体质虚弱”，稍有不慎便可能夭折——被降解。或许你会担心，它该怎么存活下去。面对外界的环境，它的确很容易受到伤害，但这并不能限制RNA存储遗传信息的能力，虽然结构简单，然而作为“新生儿”的它具有无限可能，通过环境的塑造，可以做出各种改变，从而使进化成为可能。

在进化的过程中，简单的分子总是最先出现，从不稳定向更稳定的方向进化，从功能简单、广泛向复杂、专一化发展。这也是科学家认为RNA可能是先于DNA出现的遗传物质的依据之一。

2. 催化技能

RNA还有一个了不起的技能——催化，因此又被称作核酶，如今已知的天然RNA催化剂大部分参与了RNA的加工，从而形成成熟的RNA分子。目前已知的核酶大致分为两类：核糖体RNA（rRNA）和核糖核酸酶P（RNase P）。

RNase P是除蛋白质以外第一个被发现的具有催化能力的生物大分子。最开始，人们发现有一种RNA能够对自己"化妆"，通过修改自己的结构让自己以更完美的形式存在于细胞中，这种乔装打扮的技能还真是不一般啊！后来发现有的RNase P还"乐于助人"，对一些不能产生蛋白质的RNA进行"打扮"，使它们能够以更有效的状态去行使其他功能，真的是非常友好。

rRNA和核糖体蛋白质共同组成了核糖体。而rRNA在所有活细胞中都有发现，它负责催化，像工具一样将所有的氨基酸元件一个接一个地按照模板组装，形成具有特定功能的蛋白质。

3. 调控技能

DNA向RNA发出合成蛋白质的指令，然而新的问题出现了。核糖开关是mRNA上无法产生蛋白质的一些序

列，这就需要结合一些小分子配基。这时，mRNA就开始行使它肩负的又一个神秘的使命——调控。那么核糖开关是如何进行调控的呢？核糖开关与配基结合后，这部分核糖开关序列会像变形金刚一样“折叠变形”，从简单的单链状态变为另一种形状，与下游的RNA相互作用。作用产生的结果有的可能使结合更加“密不可分”，有的可能从此“分道扬镳”，以此达到调控的目的。

还有一类对温度敏感的RNA，科学家称它们为“RNA温度计”，这部分RNA也不能用来产生蛋白质，但是能随温度的变化调控基因表达，主要调控与热休克和冷休克反应有关的基因，比如你发烧，它就会发出保护蛋白质的指令，不仅如此，它对致病性、饥饿状态等过程的相关基因也有调控作用。

这个调控功能的发挥即是某一部分的RNA对温度变化做出的反应，通过“变形”序列结构使RNA上核糖体结合位点等重要区域被暴露或遮蔽，进而改变对相应基因的可及性，从而达到对蛋白质的生成速率起到调控的目的。

所以，我们或许可以做出这样的假设：最初，生命起源于RNA，但随着进化，逐渐产生了DNA分子和蛋白质分子。其中，结构更加稳定的DNA分子履行信息的存储功能，而具有酶活性的蛋白质取代了催化功能，构成了现代生命体系的架构。

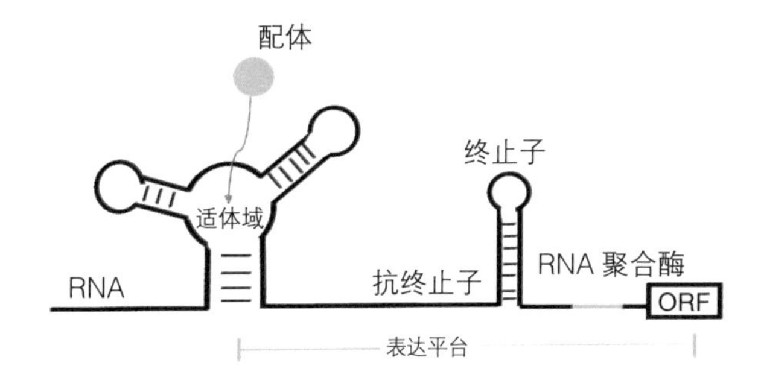

核糖开关示意图（图片来源：李颉绘制）

“缘”来“饰”你——RNA 修饰

RNA 不仅种类繁多，而且还善于“伪装”。就像人们在不同场合穿不同的衣服、化不同的妆容一样。它们会根据环境，对分子进行一些小小的改动，达到特定的目的。

近年来，多种 RNA 修饰陆续被研究者发现，如 6-甲基腺嘌呤（m6A）、5-甲基胞嘧啶（m5C）、假尿嘧啶（Pseudo U）等，它们都具有十分重要的作用。比如，m6A 在修饰神经系统的发育以及功能的行使中发挥着不可替代的调控作用，并且能够调控造血干细胞的定向分化。当某段特定的 RNA 序列有 m6A 修饰时，生物体才能够正常发育，如果缺少了这种修饰，可能会导致神经系统发育不完善、功能不全等问题。

随着人们对RNA修饰研究的逐渐深入，人们对它们越来越感兴趣，它们居然还能进行自我剪接和加工，研究人员把这种功能称作转录后的调控。RNA表观遗传学也因此逐渐兴起。表观遗传是指在基因序列不变的前提下，基因的转录或者表达出现差异，继而形成不同类型的组织、细胞，不同的修饰会在不同的生理过程中发挥不同的作用。举个例子，你的肤色、身高、血型都属于表观遗传。

生命起源的核心就是遗传密码，这个密码让人类探索了很多年，它就像一个永恒的问题制造机，不断地驱使我们去探索、辩论、研究，直至最后将它解开。

“RNA世界学说”“小行星假说”等，至今仍然没有定论，有研究人员提出，RNA和DNA可能最初是以整体的形式存在的，后来才分开履行各自的功能；也有研究人员提出，最初的起点或许不是“中心法则”中的任何一种物质，而是硫脲这种含硫化学物质……

一切的一切，正如一些科学家所说的那样：“在生命起源问题上打上一个句号，本身就是对这个问题的轻视。”生命的源头、世界的真相我们还知之甚少，浩瀚的宇宙需要我们更进一步地去追寻、探索生命这个永恒的话题。

无人工厂：核糖体

随着科技的发展，现在很多工厂都实现了自动化生产模式，我们也早已经习惯了这种快速的生产方式，省时、省力且精准率远远高于人工。原材料从一端输入，在机器的作用下，进行加工、检验、包装，最终从另一端输出产品，这是当今工厂的生产制造模式。而在生命体的每一个细胞中，也都存在这样一种“无人工厂”——核糖体，它是蛋白质的“合成工厂”，以氨基酸为原材料，而蛋白质是执行者，同时也是工厂的产品。

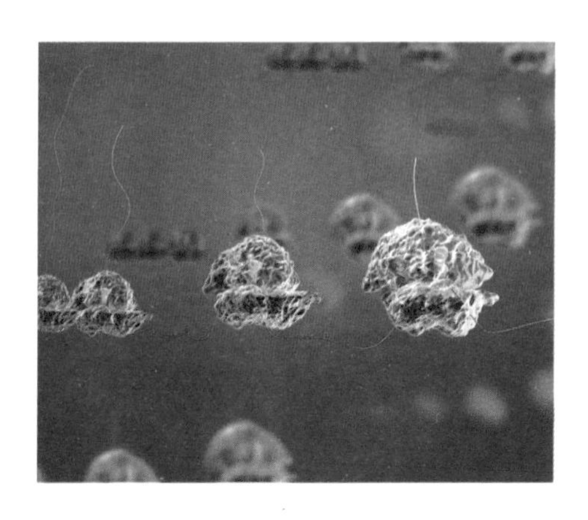

蛋白质合成工厂——核糖体（图片来源：VEER 图库）

1955 年，细胞生物学家乔治·埃米尔·帕拉德首次在细胞中发现了一种富含 RNA、能够制造酶的颗粒状物质——核糖体。核糖体是细胞中的一种细胞器，有大、小两个蛋白模块，也叫作蛋白亚基，其主要成分是核糖体 RNA 和核糖体蛋白质（RP），在细胞中负责完成“中心法则”里 RNA 到蛋白质的翻译过程。

在翻译过程中，所谓蛋白质的表达其实就是核糖体在 mRNA 中读取密码子——“三位一体”的核苷酸，随后它能够招募带有对应于密码子氨基酸的转移 RNA（tRNA），将氨基酸运送到“无人工厂”——核糖体，在这里合成大量的蛋白质。核糖体每完成一条 mRNA 链的翻译，两个亚基会经历分离然后循环结合 mRNA 的过程。

为了满足细胞对核糖体的需求，细胞需要将 60%的能量用于将 RNA 和上百种不同类型的蛋白质结合在一起构建核糖体。这是一个高消耗的过程，一直以来，本着对能量的节约和最大化利用的原则，科学家们都认为，核糖体作为蛋白质合成的“关键车间”，不仅仅是可循环使用的，而且是相同的，或者说核糖体对 mRNA 没有选择性。

理论上讲，一个核糖体可以合成所需的任何蛋白质。随着科学家们对核糖体研究的越发深入，他们发现，有些核糖体比较独特，它们固定地生产某种蛋白质，就像定制版本一般。

斯坦福大学的玛丽亚·巴纳团队的实验曾经揭示过一种现象：当小鼠体内缺失某类核糖体，那么这只小鼠在发育过程中就会出现很多缺陷。这一实验让科学家们开始猜测，或许核糖体不止一种。

后来，这个团队以有发育缺陷小鼠的胚胎干细胞为实验材料，分析了这些细胞里的所有核糖体的蛋白质种类，发现大部分核糖体蛋白质是共有的，然而神奇的是，30％—40％的核糖体缺少了几种蛋白质。这说明，这类缺少了某一些核糖体蛋白质的核糖体是独特的，可能与发育存在密切的相关性。后期，科学家们不断进行大规模的数据分析，再次证明了核糖体不是只有一种，有些核糖体的组成是独特的。

那么，问题又来了，这些“定制版”核糖体专门负责合成哪些蛋白质呢？玛丽亚·巴纳团队通过对与核糖体结合的mRNAs进行检测，从而确定了其蛋白质产物，然后对翻译产物进行一系列的分析，发现“定制版”核糖体通常负责执行特定的任务，如合成发育相关蛋白质、制造利用维生素 B_{12} 的蛋白质等。

升级“制造工厂”

从传统观念上来看，科学家们认为核糖体是细胞中的“被动工具”，仅仅是一种生产蛋白质分子的“机器”。而随着越来越深入的研究，很多实验结果都表明核糖体不仅仅是蛋白质的“制造工厂”，它还可以参与调节基因表达。

原来，在翻译的过程中，核糖体不仅能够延长肽链，还拥有“质检官”的职能，时刻监视mRNA的正确与否，如果发现不正确的mRNA，就会启发一系列的mRNA破坏机制。对于正确的mRNA，它又能够起到稳定mRNA的作用，从而成为mRNA和蛋白质产生的关键调控因素。到目前为止，核糖体的这种能力已经在酵母、大肠杆菌、斑马鱼甚至人类细胞系中都得到了证实。

通过对核糖体的探索，我们对“中心法则”中的蛋白质表达基础的生命过程这一步有了一些了解。关于核糖体的调控作用，我们还需要从两个方向对它进行更深入的研究：首先，核糖体触发mRNA破坏和稳定自身的分子机制，说明它不仅仅是一个生命过程的被动参与者；其次，有研究表明，核糖体参与肿瘤抑制基因 p53 调控，这种调控机制是我们之前不曾发现的，并且与人类疾病相关基因的关系密切。未来，以细菌核糖体为靶标的抗生素的研究也会有进一步的发展，这将会对医学界产生重要的影响，核糖体将会在人类健康领域做出不可估量的贡献。

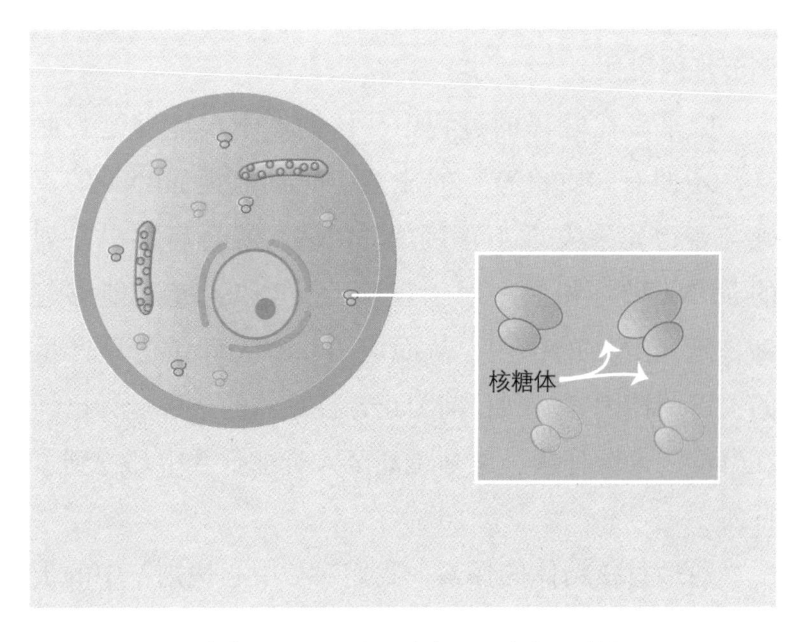

细胞中的核糖体（图片来源：李颉绘制）

第二章

CHAPTER 02

一探究竟：微生物的“弹药库”

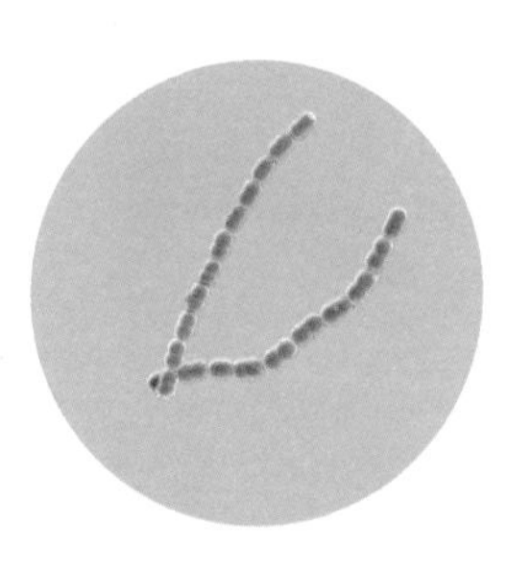

细菌免疫系统和病毒的“军备竞赛”

细菌和病毒是与人类生活密切相关的两类微生物，遍布我们日常生活的各个角落，感染人体、引发感冒等算得上是它们“臭名昭著”的一面，但是它们也有默默服务人类的一面。比如我们日常生活中用到的调味品——醋；生病时用到的抗生素，很多都是由细菌来生产的。除了与人类生活息息相关，细菌和病毒之间的交集也十分紧密。对于“无宿主，不存活”的病毒来说，细菌也是病毒完成寄生生活的条件之一。比如有一种被称为噬菌体的病毒，专门以细菌为宿主寄生，并以这些细菌为食。听起来是不是很可怕呢？那面对噬菌体大军，细菌是不是就束手就擒呢？不，它们的战争其实是一场势均力敌的较量。那它们的武器都有什么？攻防策略有哪些？谁又将最终取得胜利呢？且听下面的介绍。

细菌是有细胞结构的，而病毒没有，病毒需要寄存在细胞中才能存活。如果病毒入侵细菌，面对噬菌体大军，细菌是不是束手就擒呢？不，你可不要瞧不起细菌。那么细菌是如何依靠自身的“武器装备”，抵抗噬菌体大军的侵袭呢？

一场没有硝烟的战争

在自然界中，噬菌体无处不在，是杀死细菌的主要“刽子手”。噬菌体通常以吸附、侵入、增殖、装配和释放五步完成自身繁殖和队伍壮大，进而摧毁寄生的细菌细胞个体，并将大量新噬菌体释放到细胞外，继续感染更多的细菌细胞，最终导致细菌群体死亡。

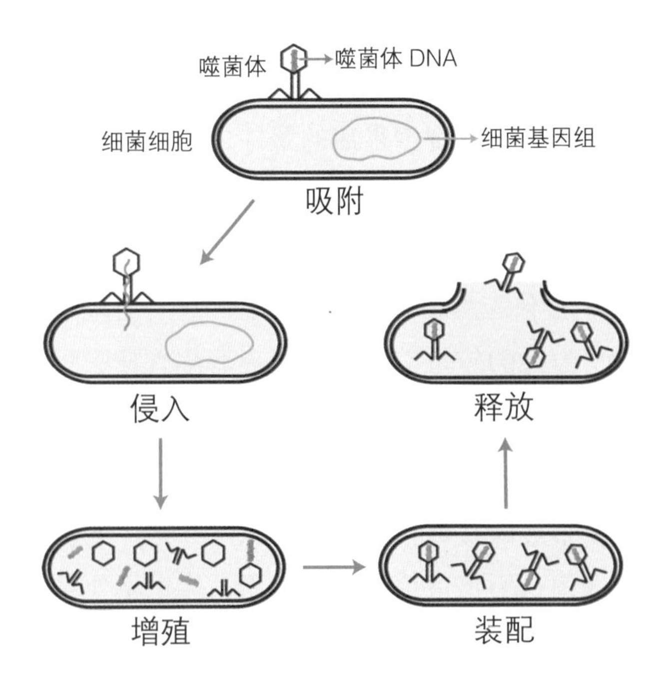

噬菌体侵染大肠杆菌的过程（图片来源：梁雅静绘制）

这种攻击来势凶猛，不免让人为细菌感到担忧。

尽管噬菌体“人多势众”，占尽优势，但细菌在这场战争中也并非是任人宰割的“小白兔”。噬菌体想要入侵细菌细胞，首先要突破细菌表面的“重重防线”，“哈哈，终于成功进入了！”这时噬菌体高兴还为时尚早，细菌此时会借助自身的多种免疫系统“奋起反抗”。在这场没有硝烟的战争中，噬菌体和细菌细胞的战斗激烈而残酷，可谓不死不休，只有胜者才能存活。

两军对阵：进攻与反击

1. 吸附与反吸附

噬菌体侵染细菌的第一步是吸附。噬菌体抓住机会，开始第一波攻击，那便是寻找和吸附位于细菌表面的噬菌体受体，如果把细菌的细胞膜比喻成“城墙”，那么这些受体便是噬菌体发现的城墙上的薄弱点。

细菌一旦发现异样，为了从源头阻断噬菌体入侵，便会在细胞表面筑起层层屏障：利用细胞膜进行隐蔽或包埋噬菌体受体；通过生产一些酶，突变、修饰或者降解细胞表面的噬菌体受体；抑或自身合成一些噬菌体受体的抑制物。

这些屏障的主要作用就是干扰噬菌体与噬菌体受体的结合，噬菌体找不到侵染目标，不能发现城墙的薄弱点，自然就攻不进来了。

2. 入城之战

进攻过程中，也会有一些噬菌体成功吸附到噬菌体受体上，接下来便是噬菌体的遗传物质能否成功潜入细胞的“入城之战”了。细菌细胞内部的两个系统卫队——限制修饰系统和 CRISPR/Cas 系统，它们会十分警惕，对“入城者”的身份进行确认，一旦确认为“敌方”DNA 后，便会立即发起进攻，将其降解。

限制修饰系统主要由甲基转移酶和限制酶构成，甲基转移酶就像一个识别器，为细菌自身复制产生的 DNA 做标记，通知“行刑人”这是“自己人”，限制酶的攻击目标就会指向所有的没有标记的“非自己人”，迅速发起进攻，将其降解。

CRISPR/Cas 系统通常由 CRISPR 序列和多个 Cas 蛋白构成。不同 Cas 蛋白，分别具备搜查、捕获、降解外源 DNA 的功能，它们各司其职，一旦发现细胞内侵入噬菌体 DNA，发挥捕获功能的 Cas 蛋白便会将噬菌体

DNA上的特定序列押送至CRISPR序列中，存档留底。换言之，CRISPR序列相当于细菌的“交友”黑名单，专门储存“非自己人”的DNA特征序列，而充当“行刑人”的Cas蛋白则会发挥其降解DNA的功能，将侵入的噬菌体DNA完全降解、清除，避免后患。尤其值得一提的是，CRISPR序列可遗传给后代，子代细菌即使之前未受该类噬菌体侵染，也同样能对这类噬菌体产生免疫效应。

由此可见，细菌的防守系统十分强大，一环扣一环，层层严守。

但噬菌体也不会因此就退却，面对“气势汹汹”的两大系统卫队，它们也是绞尽脑汁，不断创造反制手段。遇到限制修饰系统，噬菌体会减少或者改变基因组中那些易被限制酶切割的位点，强化自身防御，部分噬菌体甚至可以通过激活细菌细胞内的甲基转移酶，伪装成细菌自身的DNA，进而避免被降解掉。

对于CRISPR/Cas系统，部分噬菌体可以表达抗CRISPR蛋白，干扰Cas蛋白的核酸切割功能，帮助噬菌体逃脱CRISPR/Cas系统的伤害。

这场战争真是势均力敌，愈演愈烈啊！

3. 舍生取义与逃避制裁

如果噬菌体DNA躲过降解，开始在细菌内增殖，那细菌就无计可施，只能坐以待毙了吗？答案是，不。面对这种情况，细菌细胞进化出了“舍生取义”的顿挫感染系统。这种系统通过诱导被感染细菌细胞的死亡，进而终止噬菌体的增殖，阻止噬菌体扩散，为周围同伴细胞的生存提供保护。

那感染的细菌细胞如何实现“舍生取义”呢？以大肠杆菌为例，当噬菌体成功侵入大肠杆菌细胞内，并开始在其中增殖，大肠杆菌细胞内的“感受器”RexA 就会激活 RexB 蛋白，RexB 继而会导致细胞内提供能量的 ATP（三磷酸腺苷）不足，而噬菌体的增殖和细菌自身各种代谢又都依赖大量的 ATP 供给，如果细胞缺少能量，就会死亡，那么噬菌体也会停止增殖，从而保全了其他未被侵入噬菌体的同伴细菌细胞相对安全的生存环境。

噬菌体主要通过基因突变的方式来抵抗顿挫感染系统，比如一种叫作 T4 的噬菌体可以通过 motA 基因的突变，成功地逃过宿主细胞 RexA/RexB 系统的清除。

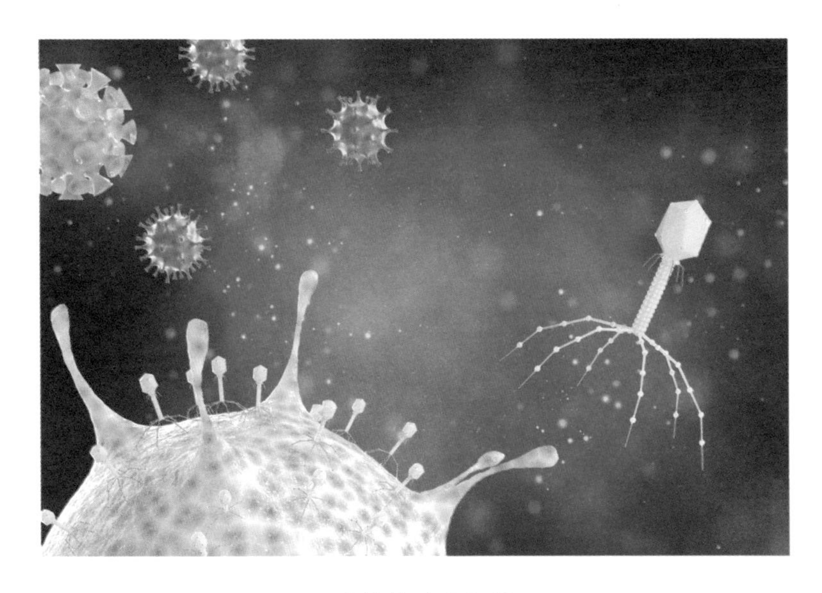

噬菌体攻击细菌

这场激烈的战争真是看得人惊心动魄！亿万年来，噬菌体与细菌作为自然界最为丰富的生物，两者之间的对抗从未停歇。你攻我防，此消彼长，彼此都进化出多种多样的反制策略，不断丰富自身的遗传多样性，这既是细菌和病毒的斗争史，也是所有生物发展史的缩影。

“理想微生物”诞生记

在我们所生存的这颗星球上，从诞生第一个生命至今已经过去了大概38亿年的时光，在这段漫长的岁月中，变化是永恒的主题，地球的环境如此，物种的兴衰荣辱亦是如此，那些不能适应环境变化的物种早已成为点缀历史长河的点点星光，而现存于地球上的生物对于它们所生存的环境可能已经是最完美的生命形式。

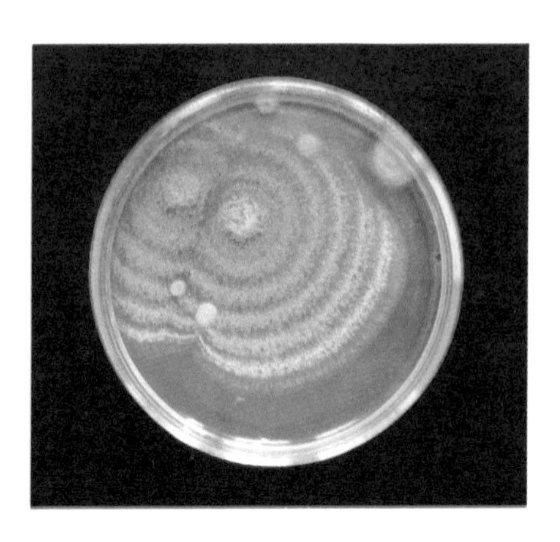

微生物培养皿

但在生物工程师眼中，永远没有最能适应环境的微生物，只有最符合他们想象的微生物。当一个微生物的表现和工程师的想象相冲突时，这个微生物在一个优秀的生物工程师眼中就是一个未完成的作品，而在和人类产生交集后，这个作品的创造者就要从大自然转变为生物工程师了。

那么想要完成这件未完成的作品都要做些什么呢？下面就让我们来了解将微生物改造成人类满意的样子所需要的技术和过程吧。

如何获得“理想微生物”？

1. 明确能力并提取相关能力基因

生物工程师要想创造出一个理想的微生物需要怎么做呢？

第一步，生物工程师要把赋予微生物的新能力具体化。比如一个长得很快，但在其他方面表现平平的大肠杆菌，想让它产出一种它本来不能产的降血压药，那么产降血压药，就是为微生物明确的新能力。

第二步，在原本能产这种降血压药的生物体内找到所有涉及这个药物生产的基因，然后进行提取。

基因简图：基因编码区的序列决定最终蛋白质的序列，两侧的非编码区主要起调控基因表达的作用。一般一个基因编码所形成的产物只能实现一个简单的功能，复杂功能的实现需要多个基因编码产物的共同参与（图片来源：李辉绘制）

2.“产药能力”的装载

按照普通的逻辑，当生物工程师把代表产降血压药的基因提取出来后，第一步，把它送到要改造的微生物中；第二步，基因里蕴含的遗传信息就会传递并转化成产降血压药的能力。这样一个具备新能力的微生物就诞生了。但事实并非如此，为了让传递过程更稳定、操作起来更具有可追溯性，生物工程师会先把这些基因装载到一个叫作质粒的环状 DNA 上，然后才进行下面的环节。

第三步，装载合成这种降血压药物的基因，也就是把线性的产降血压药基因装载到质粒里。这个过程有很多方法，最经典的一种方法叫作酶切连接，它包括两个步骤：酶切和连接。它们各司其职，一个切一个接。

酶切的全称是限制性内切酶切割，限制性内切酶切割像一把“剪刀”，只能剪特定的 DNA 序列，并且同一把“剪刀”剪完 DNA 后留下的刀口是一样的。通常一种内切酶只能识别一种由 6 个连续碱基组成的序列。目前已经发现的限制性内切酶切割已经超过了 4000 种，其中被商业化的超过了 600 种，这就使得能够被切割的 DNA 序列的空间变得很大。

接下来就是连接了。连接的主角是 DNA 连接酶，它实质上就像我们用的胶水一样，起到粘连的作用。由于经过同一把“剪刀”切割的 DNA 所形成的切口都一样，当用一把“剪刀”同时去切质粒和控制合成降血压药合成的基因时，这两者的切口就能对上了，但仍然是断开的。这个时候就该 DNA 连接酶“出场”了，它能够把两个对上切口的 DNA 片段“粘”在一起。粘完之后，一个装载降血压药物基因的新质粒就诞生了，那么总要给它起个名字吧，通常生物工程师把它称作重组载体。这一系列都只是准备工作，最重要的环节才刚刚开始。

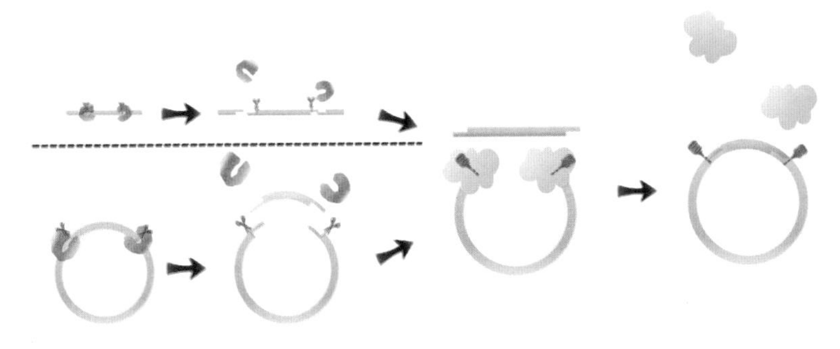

酶切连接示意图（图片来源：梁伟男绘制）

3. 能力的“平移”

第四步，重组载体准备妥当后，准备工作就算基本完成了，接下来就是想办法把它送到大肠杆菌中“生根发芽”。这和我们所说的移植差不多。重组载体将合成降血压药物的能力带到大肠杆菌中，通常有两种方式。

一种叫化学转化，就是把经过特殊处理的细菌细胞和载体混匀，先在冰上预冷，随后立即转移到温度稍微高一些的水浴锅里加热，细胞膜上的孔状结构因受热展开，然后把 DNA 吸收到细胞里面。

另一种叫电穿孔（简称电转），电转前，先将感受态细胞和重组载体混合加进电转杯，然后施加瞬间的高压，促使载体随着电流穿过细胞膜，进入大肠杆菌内部。这个方法有个弊端，会使得大部分大肠杆菌因为受到电击而死掉，只有少数转入重组载体的大肠杆菌不会死掉。那些“幸存”下来的大肠杆菌体内就有了产降血压药物的潜力。接下来将是最关键的一步，成败在此一举。

4. 存在还是毁灭

第五步，把涉及降血压药物合成的所有基因都放到大肠杆菌的基因组上，这样它的“子子孙孙”都会具有产这种药物的能力。

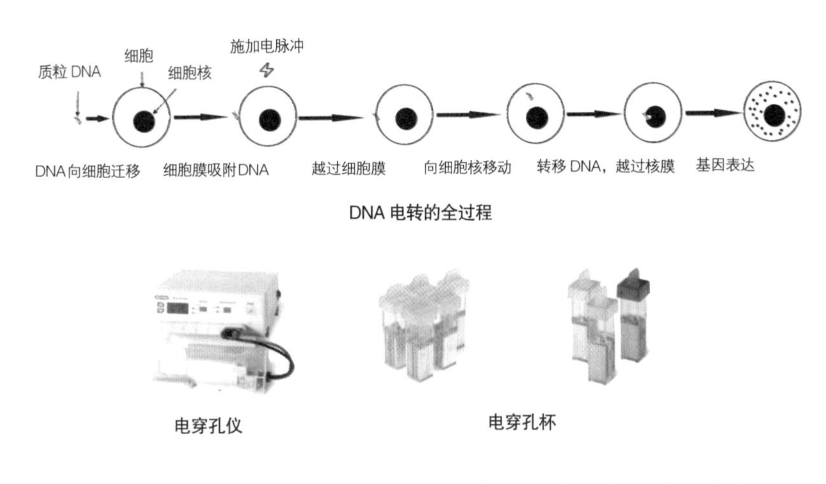

电转过程及电转装置示意图（图片来源：修改自维基百科）

我们把这些基因往基因组上放，依靠的是“同源重组”的原理，什么是“同源重组”呢？这就不得不提到上、下游同源臂，它们是载体上两段和基因组序列一致的 DNA。当载体上和基因组上的上、下游同源臂在一起时，就会发生同源重组，载体上的上、下游同源臂之间的序列和基因组上的上、下游同源臂之间的序列发生交换。

这种序列的交换概率并非 100%。为了保证转入重组载体的微生物的基因组被修改过，生物工程师下一步开始进行培育，证实这个结果。

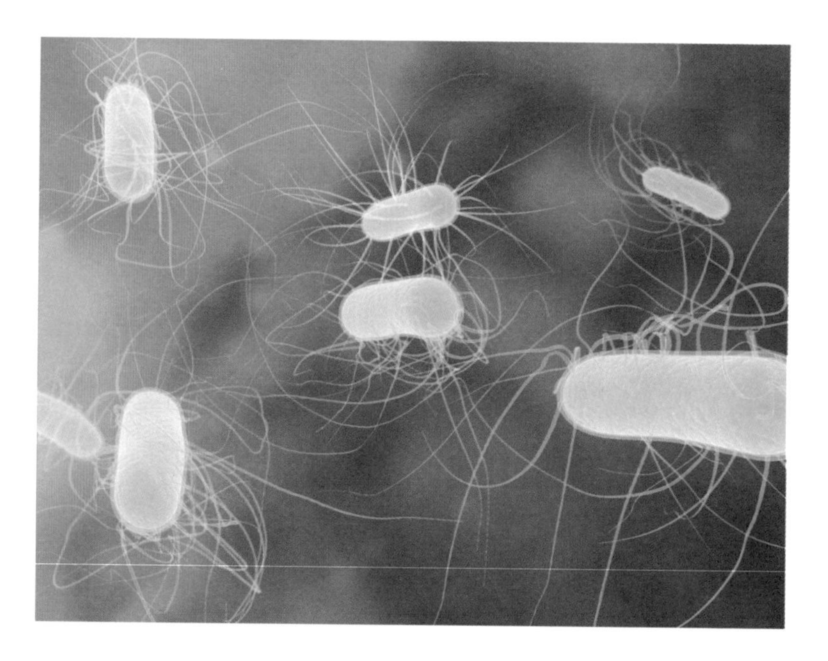

大肠杆菌

培育是如何进行的呢？生物工程师会把微生物放到有抗生素的培养基中继续培养，如果不能生长，那说明载体上的同源臂和基因组上的同源臂之间的基因没有发生交换，大肠杆菌的基因组没有被修改；如果能生长则说明它们发生了交换，生物工程师也就得到了基因组被修改过的微生物。

需要说明的是，在大肠杆菌基因组中插入外源基因的同时，一般也会插入一个抗生素抗性基因，它会起到筛选标记的作用，用来间接地表明对大肠杆菌的改造是否成功。

降血压药物合成基因被嵌入大肠杆菌基因组后，接下来的事情就不用生物工程师操心了。微生物界有自己的规则。如果顺利的话，这些基因就会按照“中心法则”的传递过程，通过转录和翻译把它所含有的潜力变成能够实实在在发挥作用的蛋白质，从而赋予大肠杆菌新的能力。

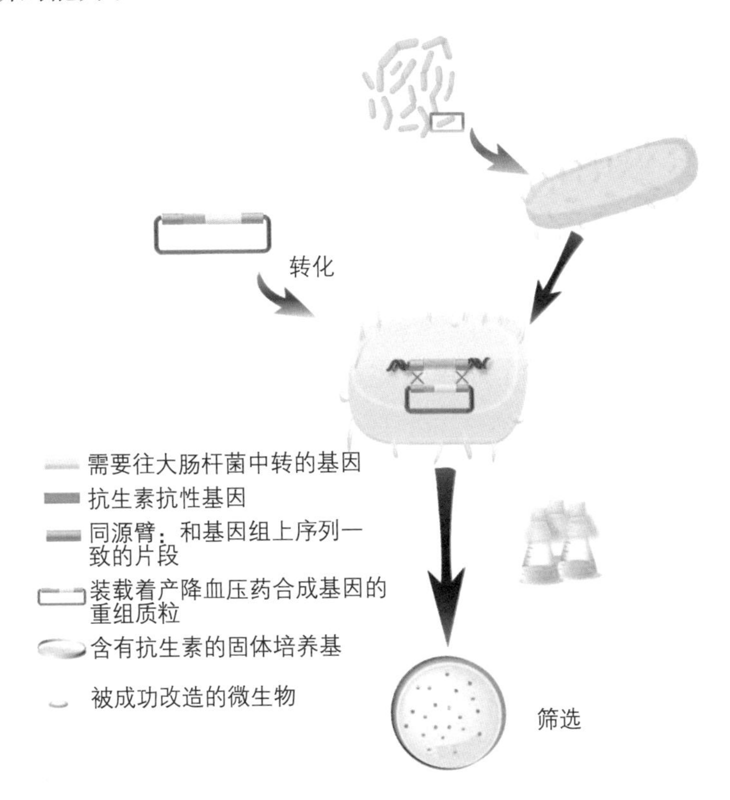

基因编辑的流程（图片来源：梁伟男绘制）

改造理想微生物的工具

在过去的很多年里，科学家习惯利用“同源重组”来修改一个微生物的基因组，也取得了一些成绩。但是科技在不断地发展，近些年出现了一种新技术，能够极大地提升科学家对微生物能力的改造程度，这个技术叫作基于 CRISPR/Cas 系统的基因编辑技术。

编辑，顾名思义，就是通过修改、重组让效果得以实现。用这个技术修改微生物的基因组，有两个东西比较关键，一个是被称作“基因魔剪”的 Cas 蛋白，它可以切割 DNA；另一个是能够为这把“魔剪”提供方向的 gRNA（引导 RNA），而 gRNA 可以很容易地被人工合成。这的确是一个简单又完美的组合，它们两个结合起来就是一个所向披靡的“导弹”，基本可以靶向到基因组任何地方，而且靶向到哪里就可以把哪里切断。

那“魔剪”的基因编辑技术和“同源重组”是否矛盾呢？不会！因为“魔剪”只是在原来的技术体系里加了一个可以靶向任意 DNA 位置的“导弹”。如果这个导弹靶向的位置是原本基因组上要被替换的片段，那么这个片段就会断，断了之后形成的切口如果没有和载体上的序列发生同源重组，那么导入“基因魔剪”的微生物就不会存活。

如此一来，在抗生素和CRISPR/Cas系统的双重选择压力下，存活下来且拥有合成药物能力的微生物比例就会大大提高，生物工程师也就会更容易得到自己的理想微生物。

“工欲善其事，必先利其器”，生物工程师深谙这个道理，想要改造出理想的微生物，就必须掌握修改微生物基因组的技术。人类可以通过这些不断发展的技术逐渐得到自己想要的东西，进而创造出更完美的“作品”，造福人类。

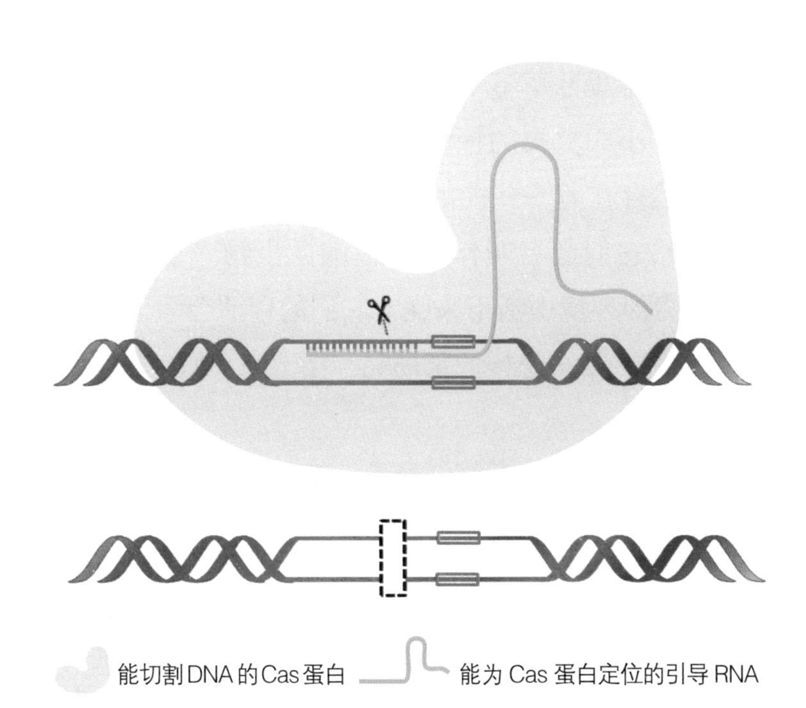

“基因魔剪”切割靶基因示意图（图片来源：梁伟男绘制）

微生物世界的“硬核玩家”

地球是目前已知的孕育了生命的唯一星球，水和适宜的环境是生命存在的重要因素。但在地球安静祥和的表面，还存在着不少神秘而恐怖的地方，被科学家认为是“生命禁区”，比如火山口、深海、冰山、热泉、死亡谷……那里寸草不生，人类进入就会被夺去生命。但是在人类小心翼翼的探索中发现，人类的“生命禁区”中，居然存在着一些能够正常生存繁殖的微生物群体，科学家给它们起名叫作——极端微生物。它们为什么能在恶劣的环境中活下来呢？它们的存活会为人类探索“生命禁区”带来怎样的帮助呢？接下来我们一探究竟。

“身怀绝技”的极端微生物

极端微生物，顾名思义，就是能够在极端环境中繁衍生息的微生物，这个概念最早在1974年由马克艾罗伊等人提出。极端微生物有两种，一种是只有依赖极端环境才能正常生长繁殖，包括嗜热、嗜冷、嗜酸、嗜碱、嗜高压、嗜盐、嗜金属等的极端微生物；另一种是对极端环境不具有“嗜好”而仅有抗性或是耐受性的极端微生物。这简直跟人类背道而驰，下面我们就具体来看看它们所怀的“绝技”。

耐高温：“高温杀菌”是我们耳熟能详且广泛使用的一种杀菌方法。我们都知道在常压下水的沸点是100℃，高于这个温度的环境，大部分微生物不能存活。而科学家在太平洋底部2400米深处的热液喷口处发现了一种嗜热微生物，它不仅可以在121℃的环境中“悠然自得”地生活，甚至在130℃高温下也能存活2个小时。科学家把它命名为“菌株121”。

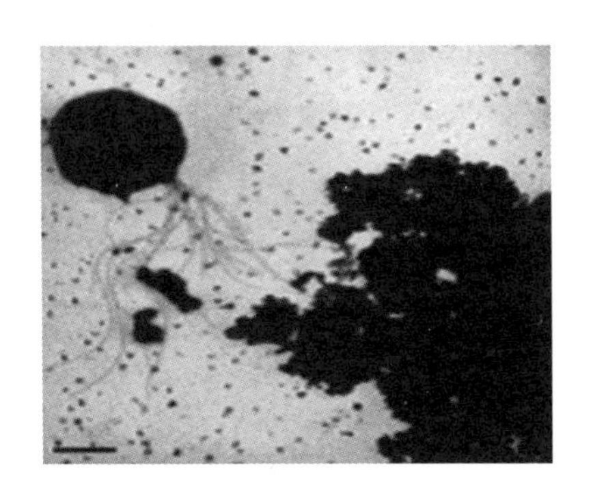

显微镜下的菌株121（图片来源：Kashefi,&K,2003）

耐辐射：“辐射灭菌”也是一种有效的杀菌方法，可以对一些医疗器械进行消毒，也可以杀虫灭菌。然而，科学家在进行辐射灭菌实验时发现，无论伽马辐射多么强，用来做样品的肉罐头总会变质，经过一系列的实验，科学家从中分离出抗辐射奇异球菌。它可厉害了，能承受的辐射强度不仅是蟑螂所能承受的15倍，更是人类所能承受极限的1500倍，因此抗辐射奇异球菌被科学家誉为“地球上最顽强的细菌”。

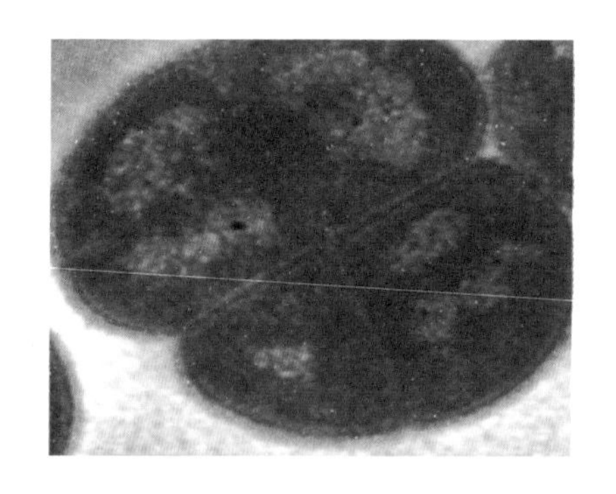

抗辐射奇异球菌（图片来源：H.S.Misra et al.,2013）

耐盐碱：在美国加利福尼亚州东部，有一个有着76万年历史的沙漠湖泊——莫诺湖。湖水没有出口，全靠蒸发，盐和矿物质大量存留湖中，盐碱度极高，是一般海水的2倍以上。莫诺湖也是地球上天然水体里砷含量最高的地方。科研人员在莫诺湖底发现了一种独特的细菌——GFAJ-1，它竟然能利用对大多数生物有毒的砷元素来替代磷元素，并使其成为自身细胞的基本元素，这种“砷基生命”的发现彻底颠覆了人们对组成生命基本元素的认识。

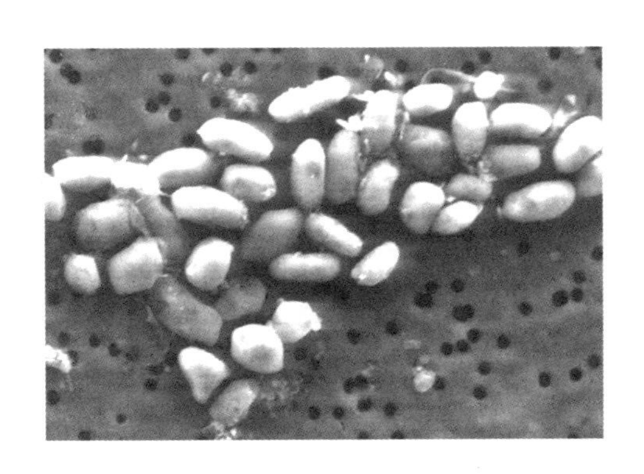

电子显微镜下 GFAJ-1 的“真面目”
（图片来源：Wolfesimon,Felisa,et al.,2011）

耐酸：美国黄石国家公园中有一个大棱镜彩泉，泉水的温度接近沸点，而且酸度极强。你或许会以为这样的地方没有生命，恰恰相反，这里聚集了各种不同的极端微生物，它们产生的色素使湖面绚烂多彩，形成一道独特的风景，令无数游客流连忘返。

美国黄石国家公园大棱镜彩泉

这仅仅是科学家发现的一些例子，除此之外，地球上还存在着很多形形色色的极端微生物，它们分布在不同的“生命禁区”中，等待着我们去发现。未来，随着研究不断深入，我们能够探索和了解到的极端微生物的种类和数量会不断增加，各种环境极限也会被不断刷新。甚至可以说，进一步了解极端微生物的生存，对于人类探究生命的起源以及研究地外生命具有重要意义。

解锁极端微生物的“十八般武艺”

自然界每一种生物都有自己的特性，以及独特的嗜好。极端微生物为什么能在各种苛刻的环境中安然生存呢？科学家经过研究发现，极端微生物在对抗特殊环境时可谓“八仙过海，各显神通”，总结起来主要有四大“法宝”。

1. 打造属于自己的“金钟罩”和“铁布衫”

极端微生物可以通过调整细胞壁/细胞膜的结构或功能来维持细胞在极端环境下的内稳态。什么是内稳态呢？就是细胞内部的稳态平衡。例如，嗜碱菌喜欢在pH（氢离子浓度指数）高于8，通常在9—10之间的碱性环境中“逍遥快活”，它们的秘诀就是在自己的细胞壁上装载很多酸性小分子来对抗细胞表面的H^+。如果把细胞比作古代的一座城池，细胞壁就是保护城池的城墙，而这些酸性小分子就是作战经验丰富且武器装备先进的守城士兵，它们能防御细胞表面 H^+ 的进攻，不仅如此，嗜碱菌的细胞膜上还装备了一些反向转运体（Na^+/H^+ 和 K^+/H^+）和 ATP 酶，它们能及时发现混进细胞的敌人（H^+）并将他们遣送到细胞外，这样，就可以维持住细胞内部的稳态平衡。

这种防御方式是不是很神奇呢？还有更神奇的，比如一些极端嗜盐菌的细胞膜上会有紫色的斑块，生物学家称之为紫膜。紫膜在光照下能不断地从细胞膜内侧吸收质子，并将质子排出细胞膜，从而将光能巧妙地转换成化学能供自己享用。

2. 细胞内部零件的升级

为了确保新陈代谢的正常进行，很多微生物会进行内部零件的升级，比如调整体内蛋白质、DNA 等大分子的活性 / 稳定性。例如，极端嗜热菌的 DNA 和 tRNA 中的 G 和 C 两种碱基的含量都很高，这样的组成有利于碱基的堆积力增大且稳定性增强，这就好比给自家屋顶多加了一根横梁能使其更稳固。

3. 合成一些“小帮手”帮助自己渡过难关

有一些微生物很会利用自身的优势条件，制作“保护伞”保护自己。例如，嗜冷微生物会在自己体内合成甘氨酸、甜菜碱、蔗糖、海藻糖等“冷冻保护剂”来降低细胞质的冰点，以确保细胞在低温下也能维持正常运转。同样的还有嗜盐菌，它们能通过合成大量甘油、四氢嘧啶等相容性溶质来维持细胞的渗透压。

4. 依赖强大的自身修复系统高效并准确地“自我疗伤”

微生物在面对极端环境的时候，可真是把自己的力量发挥到了极限。一旦细胞内部被损伤，有些微生物会快速启动修复机制。比如抗辐射奇异球菌可以在高剂量离子辐射后结合核苷酸切除修复、碱基切除修复、同源重组等策略快速且精准地修复受损基因组，简直堪比一个医疗队！

通过这些我们可以看出，极端微生物在对抗各自所面临的极端环境时，可谓“术业有专攻，各菌有所长”。所以，不管是微生物还是人类，在极端环境下都会激发自身的潜能。

极端微生物的“福利大放送”

这些“优秀”的极端微生物具备如此不可思议的能力，可不能浪费了，能不能利用它们为人类的生活增光添彩呢？答案是肯定的。极端微生物蕴含着丰富的极端酶、活性物质、生物纳米材料等，都有着不同的特殊性，可以被广泛应用到生物燃料、精细化工、食品、化妆品、环境保护、医药等各个领域。

例如，科学家在热泉中分离到的极端嗜热细菌——水生栖热菌，其胞内的TaqDNA聚合酶可以耐受90℃以上的高温而不失活，因此被广泛应用于可将微量DNA大幅度增加的聚合酶链式反应（PCR，是科研界一项举足轻重的生物学技术）中。也正是由于TaqDNA聚合酶的发现，PCR的自动化技术才得以真正应用和推广。

除了极端酶，极端微生物的许多代谢产物也蕴含着巨大的能量。比如很多嗜盐古菌在一定条件下合成的聚羟基脂肪酸酯（PHA），因具有生物可降解性、相容性、耐水性等多种优点而被用来研发生物材料，并且有望在工农业和医药领域广泛应用。

还有一些极端微生物的菌株可以直接造福人类。比如红嗜酸菌，它具有碳氢化合物降解或重金属积聚能力，在极端污染栖息地中有清除污染物的潜力，这简直可以说是人类治理环境污染的最好“帮手”，这种生态友好的方式，可以助力人类获得更多的“绿水青山”。

随着生物技术的快速发展，越来越多的极端微生物还可以作为平台菌株进行目标化学品的生产。例如，生物燃料的生产过程，就涉及高温和高pH值，因此很多嗜热微生物就发挥了它的作用，成为嗜常温微生物细胞工厂的理想“接班人”。还有代谢工程改造厌氧嗜热杆菌，使其能利用木糖等原料大量生产生物乙醇，在很大程度上减少了其他副产物的生成。当然能被利用的极端微生物不仅仅只有这些，还有很多未知的极端微生物等着我们去发现。

探索无极限

极端微生物的发现，不断刷新着人类对生命极限的认知，对于人类来说是极限，也许对于微生物来说不过是生命的常态而已。科学家的研究为我们打开了极端微生物界的大门，也为我们认识自然和利用自然提供了更为关键的信息。

虽然目前对极端微生物的研究已取得诸多进展，但仍然面临着很多问题，如新型极端微生物的发现、极端微生物的采集和纯培养、极端微生物遗传操作系统的建立、活性物质在极端环境中稳定的机制等难题都需要长时间的深入研究，以期一一攻克。

这并不是一项简单的研究，而是长期深入的过程，那应该从哪里入手呢？科学家认为主要还是以基础研究为前提，结合系统生物学、合成生物学、代谢工程学等技术方法，逐步解析极端微生物是如何适应环境的，再进一步开发能进行工业化生产的与其相关的产品。如此，才能真正实现经济效益和社会效益的结合。

第三章

CHAPTER 03

潜能爆发：

环保“小能手”

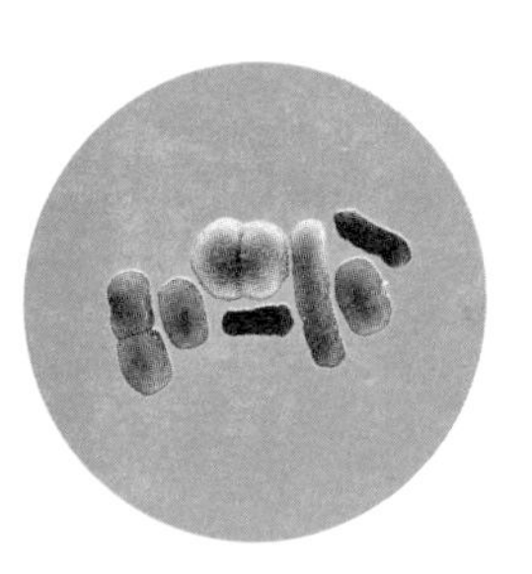

微生物与全球变暖

夏天，本该是一年四季中生命力最为旺盛的季节，树木繁茂，万物肆意生长，虫鸣鸟叫，一片热闹的景象。但2019年7月，澳大利亚东南部的丛林却是死一般的寂静，满目灰烬，尸横遍野。

澳大利亚丛林大火后一片萧条

这一切源于一场丛林大火。这场大火持续了数月，有至少 34 人丧生，超过 5900 座房子被烧毁，大火过境的面积超过 18.6 万平方千米，比 5 个海南省的面积还要大。据估计，超过 10 亿只野生的哺乳动物、鸟类和爬行动物葬身火海，澳大利亚政府在救火中的花费超过 300 亿元人民币。

地球正在变暖

在澳大利亚这片土地上野火每年都会发生，为什么今年的大火分外惨烈呢？全球范围内的气候变化，更准确一点来说我们所遭遇的全球变暖是这年澳洲大火惨烈异常的一个重要的影响因素。

其实，更加剧烈的森林大火只是全球变暖的恶果之一，地球两极冰川融化、极地生物的生存受到威胁、海平面上升等也是人类正在面对的由全球变暖衍生出来的问题。

那么全球变暖背后的原因是什么呢？主要是人类燃烧化石燃料时向大气中排放了过多的二氧化碳，人类的生活水平的高低和使用的化石燃料及排放的二氧化碳量

冰川融化

都是呈正相关的。随着人类生活水平的提高，一个比较直观的数字是，相关的碳排放量已经从 1870 年接近 0 的水平上升到现在每年超过 300 亿吨。

二氧化碳和全球变暖的相关性从它的别称中就可略知一二，二氧化碳也被称作“温室气体”。有这个别称是因为二氧化碳具有一个可以吸收红外线的特点。太阳是地球上最大的能量来源，太阳辐射以可见光居多，这些可见光可以直接穿过大气层照射到地球上加热地面，地球在被加热后也会发出辐射，和太阳光不同的是地球发出的主要是红外线，如果大气中的温室气体比较多的话，地球发出的辐射就会被它们吸收很多，这样一来更多的热量就被留到了地面附近的大气中，大气层内的地球就变得越来越热，也就造成了全球变暖。

尽管二氧化碳被称为温室气体，但必须明确一个事实，并不是大气中有二氧化碳就是不好的，毕竟地球上还存在很多能够固定二氧化碳的生物，只要人类活动所释放的二氧化碳和这些生物所能固定二氧化碳量处在一个平衡的状态，那么地球上环境温度就会比较稳定，只有当排放的二氧化碳过多，打破了这个平衡后，气候变化的恶果才会显现出来。所以，要想从根本上解决全球变暖的问题，实际上需要做的是把人类过量排放的二氧化碳进行固定。

固碳“奇兵”

说了这么多全球变暖的问题，微生物究竟和全球变暖有什么关系呢？解决全球变暖的方法之一是固碳，最好的解决方案就是在最短的时间内花最少的钱把大气中大量的二氧化碳固定成其他形式的化合物。科学家在面对这个问题时，往往会把期望寄予那些能够固碳的生物。

科学家第一个想到的是植物。因为植物中的叶绿体具有利用光能把二氧化碳和水转化成储存能量的有机物（如淀粉），并且释放出氧气的光合作用。

植物的光合作用为固定大气中的二氧化碳立下了汗马功劳，但是随着科技的进步，生活水平的提高，碳排放量几乎以指数级增长，种草或者植树是一个长期的过程，要产生效果也需要不短的时间。另外，专门为了固碳而拿出大量的土地来种草或植树，不生产粮食，也是挑战。

光合微生物一般人可能不会想到，但它们却很有可能是解决大气中二氧化碳含量过高的一支“奇兵”。什么是光合微生物呢？光合微生物主要包括一些能进行光合作用的微藻，比如蓝细菌在改变地球环境方面“战功显赫”。

在地球的早期活动中，正是光合微生物的出现改变了地球大气的成分，形成了氧气，为物种的“大爆发”提供了非常重要的帮助。尽管我们很难用肉眼直接看到它们，但有数据显示，它们每年所固定二氧化碳的量占全球固碳量的50%左右，在短时间内固定大量的二氧化碳比植物更有优势，难怪科学家叫它们固碳“奇兵”。

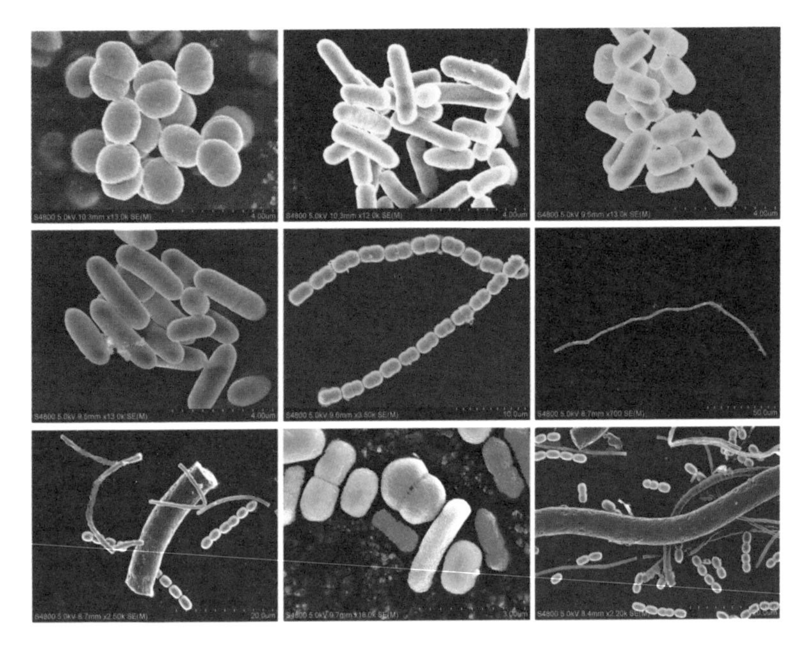

电子显微镜下不同种类的蓝细菌渲染图（图片来源：朱涛、王立娜制作）

那么，它们是怎样固定二氧化碳的呢？让我们来细细了解一下。以光合微生物中生长最快的蓝细菌为例，一个蓝细菌分裂成两个蓝细菌所需要的时间是按分钟计算的，而植物产生一个后代的时间则是按月或者年计算的。按分钟计算的话，那就意味着，如果你能给蓝细菌提供一个合适的环境条件，那么它们的数量会以指数级增长，在很短的时间内就会达到可观的数量。综合目前的环境危机来看，短期内蓝细菌利用太阳能的效率要比植物高一些。这些性质就是蓝细菌在固碳方面的潜力所在。

可能有人会好奇地问：“微生物吸收二氧化碳后能把二氧化碳变成什么呢？是和植物一样释放出氧气吗？”这些问题问得很好，而且答案也会出乎大家的意料——蔗糖。是的，蔗糖是一种固碳的产物。除了蔗糖，二氧化碳最终还能被转化成什么呢？我们知道，光合微生物的大部分碳源是二氧化碳，相应地，其体内所有含碳的化合物也可以被视作二氧化碳的固定产物，照这样说的话，光合微生物固碳的产物就很多了。

有些直接被固定成食物，比如蓝细菌中的螺旋藻，其菌体内大量的碳就源于二氧化碳，人类和动物可以直接食用菌体，有增强免疫力的作用。有些则被固定成燃料，比如微藻中的黄丝藻，可以把固定的二氧化碳转化成大量的油脂，这些油脂适合做生物柴油。

螺旋藻粉

还有一些被固定成对人类有用的色素，比如由雨生红球藻所生产的虾青素，它被称作超级抗氧化剂，不仅可以修复紫外线造成的皮肤损伤，还对治疗心脑血管等疾病有显著疗效。

光合微生物的固碳产物中除了以上提及的这些，还有很多对人类有益的化合物。但事实上，这些产物大部分还没有被人类大规模使用，这意味着它们还没有真正成为人类的“救兵”，帮助人类大量地减少大气中的二氧化碳含量，也没能在缓解全球变暖中使出自己的“绝招”。

为什么会出现这样的情况呢？主要是因为，目前人们利用光合微生物大规模生产对人类有用的化合物时需要付出的成本太高了。因为它们生长的速度不够快，对环境变化的耐受力和适应力也不够。不用泄气，随着研究的不断深入，我们一定能将微生物的作用应用到实践中去，让我们一起期待吧。

微生物与能源利用

俗话说：“阳光落，万物生。”太阳是能源世界的“大户”，用各种各样的形式为世间万物提供能量。其中有一种能量形式和微生物有着千丝万缕的联系，生物学家叫它“液体阳光”。那么问题来了，一个是地球上万物的主要能量来源，一个是小到肉眼看不见的微生物，这二者在能源方面能有怎样的联系呢？

太阳能：我是能源里的“大户人家”

从前人类只吃生的食物，直到发生自然火灾后发现熟食的美味和火的妙用。于是人类从保留火种到学会钻木取火，在这期间人类从没有停止过从自然界中开发利用能源的脚步。随着社会的发展，传统的柴火燃烧已经无法满足人类的能源需求，于是逐渐有了化石能源的开发利用，工业社会焕发出蓬勃的生命力。

屋顶上的太阳能电池板

目前，人类利用的最主要的能源是煤、石油、天然气等化石能源，它们不仅可以作为燃料使用，而且还是很多化合物合成的原材料。2020年，全球消耗的所有能源中，化石能源占比达到82%—83%。这是一个惊

人的数字，也存在着很大的弊端，同时对人类发出了警告。主要有两个原因：第一，煤、石油、天然气等化石能源由古代生物经过亿万年的沉积而来，存储量有限，属于非可再生资源，按世界目前对化石燃料的消耗速度计算，化石燃料可供人类使用的时间最多还有 50—100 年；第二，化石燃料的加速燃烧会导致温室气体二氧化碳增加，引发全球气候变化，给人类及生态系统带来灾难。这让人类产生了危机感，迫使人类不得不去寻求可持续的能源利用方式。

于是，聪明的人类把目光转向清洁的、可再生的能源，比如太阳能、地热能、风能、水能、海洋能、生物质能、核能等。

化石能源是由古代生物沉积转化而来的，属于远古的太阳能。自然界中的风能、水能、生物质能等可再生能源，其本质也是太阳能。太阳每年辐射到地球表面的能量有 8.85 亿太瓦时，约有 29％的太阳能辐射到陆地上，其应用潜力比其他可再生能源高两个数量级。

太阳能既是能源的源头，又是可再生能源里最主要的资源，那我们怎样才能把它利用起来呢？

目前，人类利用太阳能的主要形式是光伏转换和光热转化，就是把太阳能转化成电能和热能。但这只是解决了一部分问题，它不像化石能源提供的液体燃料那样便于长途运输，也不能作为各种化合物合成的原材料。不过别担心，科学家们发现自然界中的植物可以来帮忙，它们可是这方面的“能手”，植物通过光合作用合成有机物，也可以实现太阳能转化。

植物：我可以把太阳能存进身体

植物在生长的过程中会储存一定的太阳能，那么植物是如何储存太阳能的呢？它们利用二氧化碳和水，通过光合作用合成有机物，然后把太阳能储藏在有机物的化学键中。不得不说，这种操作方式实在是太神奇了！这些有机物主要有两大类，一大类是储藏在果实和根茎中的糖和淀粉，另一大类是以木质纤维素为主的植物细胞壁。

糖和淀粉虽然是最容易被利用的资源，但存在与人畜争粮、与林粮争地的问题，因而在数量上和植物细胞壁中的木质纤维素相比并不占优势，所以开发和利用木质纤维素成为重要的趋势。

植物细胞壁主要由纤维素、半纤维素、木质素组成，葡萄糖分子通过 β-1，4-糖苷键形成糖链，多个

糖链聚合在一起形成纤维素微纤丝。微纤丝通过一定方式排列，构成植物细胞壁的基本骨架，由多种不同类型的单糖分子构成的半纤维素紧密缠绕在纤维素微纤丝上，与木质素一起构成细胞壁，为植物细胞提供一道坚实的保护屏障。

植物细胞壁中的纤维素能储存大量来自太阳的能量，那怎么才能让这些能量为人类所用呢？人类目前使用的燃料，大多数本质上是来源于石油的液体烃类和醇类化合物，这些液体燃料具有很多优点，比如单位体积内含有的能量更多、燃烧得更加彻底、更方便运输。

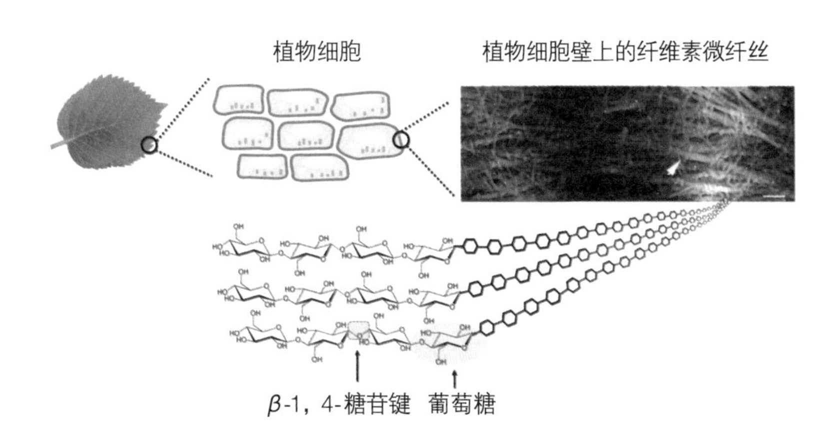

植物细胞壁上的纤维素（图片来源：韦林芳整理及绘制）

这些优点都是木质纤维素不具备的，于是科学家进行了大胆的设想，有没有可能把木质纤维素中的能量转化成液体燃料呢？答案是肯定的。由于木质纤维素中能量的最终来源是太阳能，所以由木质纤维素转化成的液体燃料还有一个很好听的名字叫“液体阳光”。为了实现这个转化过程，科学家想到可以求助微生物，因为在自然界中，一部分微生物就是这个转化过程中的专业“工人”。

微生物登场：先吃单糖再造“阳光”

微生物这个“工人”是如何将木质纤维素转化成“液体阳光”的呢？主要分为两步，第一步是将木质纤维素变成它们喜欢且易消化的单糖，第二步是吃掉这些单糖，生产出能够用作液体燃料的化合物。

上面提到，细胞壁是植物细胞的一道坚实的保护屏障，要想进入细胞内部，就必须瓦解这道壁垒，这对人类来说可不是轻而易举就能做到的，因为它的结构实在是太结实、太复杂了，需要通过高温、高压等物理手段，或强酸、强碱等化学手段才能实现。但这势必会消耗更多的能源，或造成环境污染，结果得不偿失。可是

对于一些微生物来说，这个棘手的问题却很简单。

自然界中有很多微生物以植物为生，比如木质纤维素降解菌，它可以生长在植物的“尸体”上，以木质纤维素为食。瞧瞧，令人类费尽心力的事情在它们眼里就是小菜一碟。又比如植物病原菌，它能够侵染植物，导致植物病变或死亡。这些微生物自身都有一套比较齐全的“工具”，可以在温和的条件下，“拆解”植物细胞壁。

这套厉害的“工具”是什么呢？它包括负责拆卸木质素的木质纤维素降解酶，如木质素过氧化物酶、锰过氧化物酶、漆酶等；负责拆卸半纤维素的木聚糖酶等；负责拆卸纤维素的纤维素酶，包括纤维素内切酶、纤维素外切酶、β-葡糖苷酶、多糖单加氧酶等。

不同的酶专门负责剪开特定的化学键，虽然不如推土机那般力量强大，但其势可比破溃千里之堤的蝼蚁，可将细胞壁“分崩离析”并释放出里面的单糖。常见的木质纤维素降解菌有里氏木霉、青霉、粗糙脉孢菌等。

植物细胞壁被拆卸后释放出的单糖有很多种，微生物最喜欢的是葡萄糖，也是含量最多的一种单糖。有一类叫作酵母菌的微生物，以葡萄糖为原料，经过发酵后生产出生物液体燃料——乙醇，是目前产量最大的生物液体燃料。乙醇发酵需要在厌氧条件下进行，通过糖酵解途径把葡萄糖转化成丙酮酸，丙酮酸进一步脱羧生成乙醛并释放二氧化碳，最终乙醛经过还原获得乙醇。

微生物发酵除了可以把木质纤维素转化成乙醇，还可以生产其他的液体燃料，比如丁醇、生物柴油等液体燃料，也可用于其他化合物合成的生物基产品。

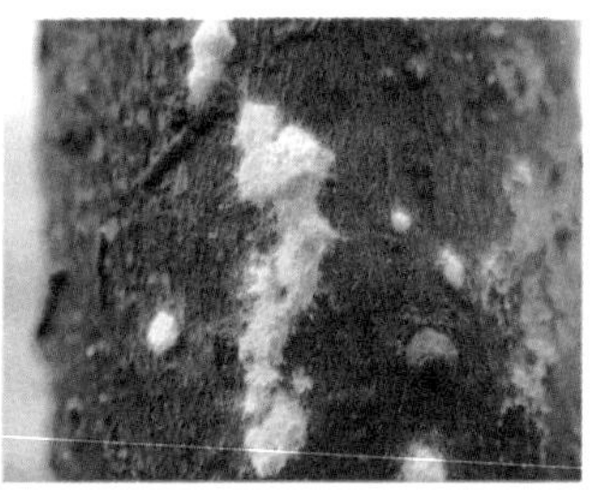

木质纤维素降解菌（左：里氏木霉；右：不同形态的粗糙脉孢菌）（图片来源：作者整理）

越过植物造“液体阳光”

“液体阳光”不仅环保而且能量丰富，它的产生需要依赖植物的光合作用。但是利用植物也有一定的弊端，因此科学家有了大胆的想法，微生物是否可以越过植物，直接把太阳能转化为“液体阳光”呢？

科学家经过研究发现，一些能够进行光合作用的微生物经过改造之后可以拥有这种能力。它们利用二氧化

碳和水，通过光合作用，直接把太阳能转化为生物液体燃料或生物液体燃料的前体物质。例如，蓝细菌和微藻的应用前景是相对较好的，它们生产的脂类、脂肪酸等可以作为生物柴油的前体物质。它们除了能进行光合作用，固定太阳能，还有植物光合作用无法比拟的优点，那就是油脂含量高、繁殖速度快、占地少等。

蓝细菌和真核藻类相比，细胞结构更为简单，更容易被改造，工业应用价值也更高。因此，在科学家开发生物能源的过程中，蓝细菌被当成一种很重要的“底盘”细胞，对“底盘”细胞进行工程改造，可将其用于生产乙醇、丁二醇、异丁醛等生物燃料，以及长链脂肪酸等，为“液体阳光”的开发利用翻开新的一页。

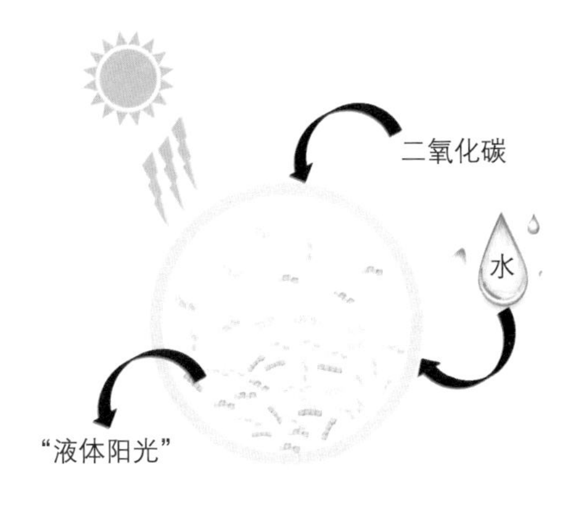

蓝细菌生产“液体阳光”的过程（图片来源：韦林芳绘制）

微生物与荒漠化治理

2015年4月，北京遭遇了13年来最强沙尘暴袭击，新闻报道："受上游地区沙尘暴影响，沙尘暴随9级大风袭击京城。大部分地区能见度迅速下降，市区各监测站点的PM10浓度爆表。"

窗外漫天黄沙，屋内都能闻到沙土的味道。针对这一现象，众说纷纭，有人说这是地球"皮肤"被人类破坏了，这是大自然的报复。沙尘暴早在白垩纪时期就有了，其形成和地球温室效应、森林锐减、植被破坏有着不可分割的关系，是对人类生活健康有着极大威胁的自然灾害之一。

地球的皮肤被破坏了

地球陆地表面极薄的一层物质叫作土壤层，土壤层对于地球而言就像人类的皮肤一样，极其重要；没有土壤层，地球上就不可能生长任何植物，动物和人类更不

可能生存下来。

当土壤层受到外界破坏，土质就会恶化，有机物质下降乃至消失，如果得不到改善，土质表面就会逐渐沙化或板结，导致土壤荒漠化。土壤荒漠化最主要的一种表现形式就是土壤逐渐消失，被沙漠代替，它以风沙活动为标志，威力很强，杀伤力巨大。

现在土壤荒漠化已经非常严重，人类为了获得更多的经济利益，滥开垦、滥放牧、滥用水资源，丝毫不顾及生态平衡，严重破坏了地球的皮肤，再加上温室效应，导致干旱现象越来越严重。土壤荒漠化已经成为全球面临的重大生态问题。

土壤荒漠化自出现到20世纪末期，全球已损失近1/3的可耕地。土壤荒漠化不仅会造成严重的环境问题，还会导致人们生活贫困，引起社会动荡。因此，1994年12月，第49届联合国大会正式通过决议，决定从1995年起将每年的6月17日定为“世界防治荒漠化和干旱日”。1996年12月，《联合国防治荒漠化公约》正式生效，为世界各国和各地区制定防治荒漠化纲要提供了依据。

为了人类共同的家园，地球上不同地方的人们都同荒漠化进行着抗争，但土壤荒漠化仍以每年5万—7万平方千米（相当于1个爱尔兰的面积）的速度继续扩大。

尤其在我国，我国是世界上受荒漠化影响最严重的国家之一，大约有 1/3 的国土面积受到荒漠化的影响。面对严峻的荒漠化问题，我们国家进行了一系列的科学治理，主要分为生物和工程两大方面。

生物治理是利用一些防风固沙的植物，建立防护林带，抵挡荒漠对良田的侵蚀，进而从荒漠手中夺回更多的土地。用于防风固沙的植物，主要有梭梭、沙枣、胡杨、柽柳等，但是这些植物在裸露的沙土或岩石表面是不能直接生长的，还需要为它们提供有一定营养物质的土壤，也就是这场战斗的“根据点”。植物要先在荒漠上扎根，然后生存下去，才能继续同荒漠做斗争。

地球“皮肤”因干旱而裂开

地球护卫者：陆生固氮蓝藻

在改变地球环境这场战争中，不止人类，微生物也付出不少。有一种微生物在同荒漠化的斗争中表现尤其突出，它们是世界上已发现的最古老的光合放氧生物，已经在地球上生存了大约35亿年，地球之所以能够产生氧气都是它们的功劳。是什么微生物拥有这样的“丰功伟绩”呢？科学家在野外的取样调查过程中，经常在光秃秃的石灰岩表面发现它们的身影，它们是这些贫瘠环境中的“第一波居住者”。由于它们的定居，大气中充满氧气，土壤中逐渐积累了丰富的氮素和有机物质，这些物质则是其他植物想要在荒漠中扎根生长的基础。

它们就是陆生固氮蓝藻，当治沙科学家发现它们的时候，立刻被其特质吸引，并利用它们为防沙植物创造出同荒漠战斗的“根据点”。那么，陆生固氮蓝藻是以怎样的生存技能，步步为营，最终为防沙植物创造出同荒漠战斗的“根据点”呢？

首先，科学家人工将陆生固氮蓝藻施加到荒漠中，不要担心它们不能生存，陆生固氮蓝藻有着和地耳、发菜一样强的抗逆能力，即使在恶劣的环境中，它们自身依然可以利用荒漠中有限的降水，迅速进行呼吸作用和光合作用，生长并结皮。你可能会担心岩石和荒漠的表面干湿不定，影响它们的发挥，完全没有必要，这些陆生固氮蓝藻本身具有很强的耐干特性，它们能在有限的环境中茁壮成长。

接着，陆生固氮蓝藻就可以发挥作用了，它们利用空气中的分子形态的氮素化合物，不断富集土壤中的氮化物。同时，由于它们大量地繁殖和死亡腐解，土壤中的有机物质也会有所增加，土壤中的微生物也会生长得更加旺盛，土壤中酶的活性也随之提高。

另外，陆生固氮蓝藻产生的糖类能被其他固氮细菌，比如固氮菌属、克雷伯氏菌属、巴氏梭菌等利用，促使其大量繁殖，增加土壤的氮素，从而大大增加土壤的肥力，从根本上改善土壤环境。

最后，被改善的土壤周围就会慢慢地聚集一些低等植物，形成以陆生固氮蓝藻为主体的微生物类群，包括陆生固氮蓝藻、丝状绿藻、细菌、真菌、地衣和苔藓等，然后，它们又变成生物土壤结皮，在干旱贫瘠的荒漠环境中顽强地生存、生长，牢牢地抓住土壤，成为荒漠表面的保护层。

这些生物土壤结皮在稳定土壤结构、保持土壤水分、防风固沙方面表现卓越，为荒漠化土壤从流动沙漠转为固定或半固定沙漠做出了巨大的贡献。随着土壤肥

力的继续富集增加，我们再逐渐地将一些高等植物，比如梭梭、沙枣、胡杨等种植到土地上。这些治沙植物以生物结皮为生长根基，渐渐地枝繁叶茂，郁郁葱葱，形成强大的防护林、防护带，最终达到防风固沙的目的。

除了常见的地耳和发菜，科学家希望将更多的陆生固氮蓝藻应用于荒漠化的治理中，比如具鞘微鞘藻、眼点伪枝藻、单岐藻。在未来治理土壤荒漠化的道路上，陆生固氮蓝藻的固氮作用不可估量，它能够促使荒漠化土壤的生态条件向良性化方向逐渐变化，经过一系列的发展实验，它在改良荒漠化土壤方面的作用已在国际上得到了认可，正在被科学家逐步推广。

沙漠中的胡杨有着顽强的生命力

解决荒漠化问题任重道远

经过不断的努力，解决土壤荒漠化已经取得了显著的效果，中国现已成为治理荒漠化成效最为显著的国家之一。现在全国荒漠化土地面积已经由20世纪末年均扩展1.04万平方千米转变为目前的年均缩减2424平方千米，实现了由“沙进人退”到“绿进沙退”的历史性转变，距离联合国提出的到2030年实现土地退化零增长目标又近了一步。

过度放牧造成的土壤侵蚀

尽管人类想尽各种办法来治理土壤荒漠化，但是面对荒漠化的威胁，我们的成就仍然显得很渺小。在经济利益的驱动下，滥开垦、滥放牧、滥采挖、滥用水资源等问题仍然存在，这些问题得不到根本解决，我们的改造速度就永远跟不上土壤荒漠化的速度；尤其在全球气候变暖的背景下，干旱、酷热等不利的气候因素得不到改善，荒漠化速度正在加速，随之而来的沙尘天气等方面的威力仍然不可低估。

对人类来说，解决荒漠化问题任重道远，荒漠化问题不应该仅在每年的 6 月 17 日——“世界防治荒漠化和干旱日”这一天受到人们的重视。这是一个需要我们长期关注的事情，需要全世界共同努力。

微生物与塑料垃圾

塑料产品在我们的生活中随处可见，给我们的生活带来了极大的便利，但是也造成了严重的环境污染。其中“白色垃圾”遍布海洋和陆地，污染之严重触目惊心。塑料产品属于化工产品，目前，我们所使用的塑料产品主要是石油基产品，具有极难降解的特性，而且回收利用率低，给环境带来了巨大的压力。

塑料产品一方面方便人们的生产和生活，另一方面却给环境造成严重的污染，有没有更好的办法解决塑料垃圾造成的环境污染问题呢？针对这一问题，许多国家都出台了一系列严格的政策来限制塑料产品的生产和消费。但这些远远不够，已经存在的“白色垃圾”该如何处置呢？

科学家又想到了“万能”的微生物，它们的世界丰富多彩，食物多种多样，可不可以让微生物“吃掉”塑料呢？微生物几乎存在于我们生活的每一个角落，而塑料也以微塑料的形式充斥在地球的土壤、海水和大气中，如果某些微生物真的能以塑料为食，分解并吃掉塑

料垃圾，那么环境中就会少很多“白色垃圾”了。科学家经过研究，发现真的有微生物以塑料为食。究竟是哪种微生物有如此特殊的“嗜好”呢？别着急，后面再揭秘，我们先来了解微塑料究竟是怎么产生的，以及人类与塑料的“相爱相杀”。

漂浮在海洋中的塑料垃圾

微塑料诞生记

据统计，目前全球塑料年产量约4亿吨，并呈逐年上升的趋势。废弃的塑料制品大约有70%被遗弃在环境中，仅中国每年就产生7000多万吨塑料垃圾。人们为什么如此偏爱塑料产品呢？因为它们的性能良好，具有可塑性、耐用性和化学稳定性，在纺织制造、包装材料等众多生产领域都是“宠儿”。

什么是微塑料呢？由于塑料的物理、化学性质稳定，在自然条件下难以被分解，因此可以长时间存在于环境中。人们丢弃在陆地上的塑料经过太阳的暴晒和大风的撕扯，变成碎片和颗粒。于是，科学家将直径小于5毫米的塑料颗粒定义为微塑料。

使用过后无法降解的塑料垃圾属于后期作用产生的次生微塑料，还有一种微塑料是原料，污染性更大，但是它有一个美丽的名字——“美人鱼的眼泪”，乍听上去还以为是珠宝的名字呢，其实它主要是指爱美人士用的化妆品。印象中的化妆品似乎和塑料没有什么关联，事实上以化妆品中含有的塑料微珠为代表的工业原料也是微塑料的来源。仅在英国的塑料产业中，每年就排放大约530亿颗这样的颗粒，足够做成8800万个塑料瓶。

那这些微塑料到底去了哪里呢？陆地上的一部分微塑料借助水势，犹如一叶轻舟顺流而下，最终扑进海洋的怀抱。来到海洋的微塑料“小船”就成了抢手货，“乘客们”你争我抢地爬上去，这些“乘客”中不仅有重金属、有机废物，还有一些致病微生物。

有调查发现，一部分微塑料还能进入大气循环，并伴随降雪进入高山和极地地区。科学家从北极地区采集雪样，过滤后再用红外显微镜检测，发现滤液中残留的塑料颗粒数量竟多达每升 1.44 万个。它们还真是无孔不入，这让人类越来越担心。

因为微塑料的大小和许多鸟类、鱼类等小动物的食物相似，所以有不少鸟类、鱼类会误把它们当作食物吞下去。微塑料进入动物体内，一方面会对动物的身体造成生理性的伤害，另一方面它所携带的重金属、有机污染物和致病微生物会逐渐地释放出来，造成动物的病变甚至死亡。千万不要以为动物的死亡和人类没有关系，因为人类目前处于食物链的顶端，微塑料随食物链由低营养级别向高营养级别流动，这样一来，微塑料终有一天会出现在人类的餐桌上。

近年来，微塑料已经向人类发起了挑战。首先是水。由于微塑料体积小，在废水处理过程中会堵塞过滤装置，增加水处理装置材料的磨损，从而影响水处理过程的性能。

塑料垃圾严重影响了海龟的生存

另外就是食物，微塑料在一步步逼近人们的餐桌。研究人员对全球 21 个国家和地区的 39 种品牌的食盐检测后发现，超过 90%的食盐含有微塑料，亚洲地区最为严重；尤其是中国，研究人员对 15 种品牌的食盐检测后发现，1 千克食盐中包含 550—681 颗微塑料。这个数目曾经一度引起恐慌，人们对盐开始重视起来。

假设按照每人每天 5 克食盐的摄入量算，中国人每人每天将会吃掉 3 颗左右的微塑料，因此世界卫生组织呼吁，有必要对饮用水以及食盐中的微塑料进行更深入的研究，把人类的健康作为重中之重，更要以此呼吁人类爱护自己生存的环境，避免遭到环境的反噬。

细菌中的“塑料猎手”

多年来，如何有效降解塑料一直是困扰人类的难题。停止生产塑料似乎并不现实，而污染又得不到根治。那是否能用另一种可以降解的物质来代替塑料呢？目前来看，研发生物可降解塑料是最佳的解决途径之一。

生物可降解塑料是指，在生物或生物化学作用过程中或自然环境中可降解的塑料，不会存留在地球上造成大面积的污染。那么，什么材料既能代替塑料又能被降解呢？例如，作为一种天然物化学合成生物可降解塑料，聚乳酸是以植物（玉米、木薯等）为原料，先发酵得到单体（乳酸等），再经化学合成制得生物可降解塑料，我们穿的内衣、女士用的卫生巾等产品都是这种。这种塑料在使用后以堆肥的形式返还土壤，被微生物分解利用，不会造成大气中二氧化碳的净增加。

微生物合成生物可降解塑料是由淀粉经微生物直接发酵而成，主要是聚羟基脂肪酸酯类聚合物（PHAs）。PHAs 类可降解塑料在生物可降解塑料中性能最为优良，在医用领域具有广阔的应用前景，但成本较高，生产工艺比较复杂。

目前，生物可降解塑料研究领域方兴未艾，整体市场还处于起步阶段，但我们可以看到生物可降解塑料在全球塑料生产中的占比正在提高，产品性能、废物可降解性方面也都优于塑料，着实令人欣慰。

未来的问题可以逐步解决，目前我们也不得不面对这样一个现实：当下以及过去 100 多年间产生的塑料垃圾绝大多数在自然环境中难以降解，急需投入大量的人力和物力进行处置。传统的物理法和化学法可行性不大，一是成本较高，二是容易对环境造成二次污染，科学家转而尝试用生物法降解塑料，但因为大多数塑料属于合成材料，在自然界不存在能够专门降解塑料的酶，因此见效甚微。

正当人类处于焦虑状态的时候，令人振奋的消息传来了，据《科学》杂志报道，2016 年日本科学家终于发现了人类苦苦寻觅多年的“塑料猎手”——Ideonella sakaiensis 201-F6（以下简称“F6”），这就是前面提到的以塑料为食的微生物。

F6 可以分解 PET 并利用 PET 作为主要碳源。PET，中文全称为聚对苯二甲酸乙二醇酯，是制作传统塑料的最主要成分之一，因为其具有优良的物理和化学性能，大量地应用于纺织纤维、包装材料和饮料瓶的生产制造。PET 废弃物对生态环境造成了巨大的影响，因此对 PET 的有效降解是人类消灭塑料垃圾的关键。

研究人员收集了250种含有PET材料的环境样品，包括沉积物、土壤、废水和PET瓶回收站的活性污泥，利用这些样品，筛选具有降解活性的微生物。虽然因为社会的进步人类污染了环境，但人类也是伟大的发明家，通过实验，研究人员幸运地筛选出能够高效降解PET的细菌F6。

研究人员在电子显微镜下观察发现，F6可以附着在PET材料的表面并形成一层生物膜，然后以蚕食的方式将PET材料吃掉，更让人想不到的是，这种细菌在30℃的条件下待上6周，最终可以完全降解一张重达60毫克的PET薄膜。

细菌F6为什么会有如此奇妙的功能呢？研究人员继续探究该细菌降解PET的奥秘，结果在该菌体内发现了两种具有PET降解活性的关键酶，分别命名为PETase和MHETase。于是科学家预测了细菌降解PET的过程：PETase先将PET聚酯链切成较短的中间产物，然后由MHETase继续降解为单体小分子，这些小分子被细菌消化吸收，最终变成水和二氧化碳等物质。

这个发现具有里程碑的意义，生物法降解塑料成本低廉且环保，这些优点正是我们需要的，大力推广指日可待。未来，利用微生物治理环境污染是必然的发展趋势。

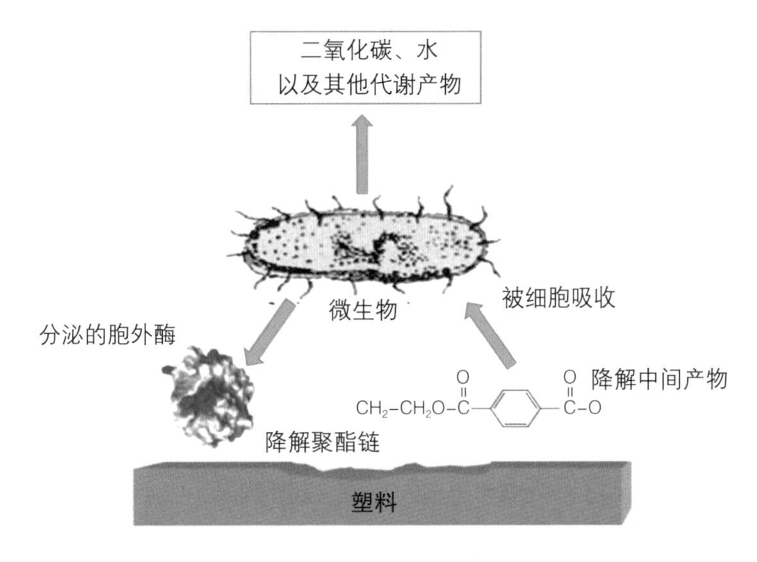

PET 塑料的生物降解机理（图片来源：颜飞提供）

微生物“大显身手”

治理塑料污染问题有了明确的研究方向，生产可降解塑料的趋势也势不可当，这就需要用到生物基材料。生物基材料指的是材料完全或部分来源于生物体，这类材料具有环境友好、原料可再生及可降解的特性。

早在 19 世纪初，一类由微生物合成的生物基材料——聚羟基脂肪酸酯（PHA）就出现在科学家的视线中。1926 年，法国科学家在巨大芽孢杆菌中发现了 PHA 家族中最常见、化学结构最简单的成员——聚羟

基丁酸酯（PHB），从此开启了人们对PHA 的研究之旅。

PHA 塑料是目前已知的唯一的完全可以由微生物合成的可降解塑料，它在土壤等自然环境中可以自动降解，无须堆肥，节省了回收和处理所需的成本，而且降解产物主要为水和二氧化碳，可以说是无毒、无污染。

PHA 可以帮助人类降解废弃物

如果说石油基塑料是一个挑食的孩子，那么 PHA 绝对是一个“吃货”。除了可降解，PHA 的另一个优势在于，生产PHA 的微生物的“胃口”很好，它们的“食物”范围很广。随着科学研究的推进，科学家发现不仅仅是塑料，工业废渣、废水和餐厨垃圾等废弃物，生产

PHA 的微生物也都不嫌弃，照吃不误，这就大大降低了生产成本，让科学家对它们更是喜爱不已。

更加难得的是，已知的许多细菌都能合成 PHA，它们合成的 PHA 多种多样，构成一个庞大的家族，而且结构、形态各异。这些成员的不同组合可以帮助我们生产不同的产品，降解不同的塑料垃圾，比如塑料袋、一次性餐具、农业地膜、药物胶囊等。

微型细胞工厂

科学家发现 PHA 以后，把它们视为净化环境的珍宝，它们是非常理想的生物基材料，可以应用于日化、农业、医药等领域。那么对于它们的生产者——微生物来说，PHA 又有什么作用，扮演着怎样的角色呢?

其实，PHA 对于微生物而言就像动物的脂肪、植物的淀粉一样，属于储能物质。当能量过剩时，细菌把多余的能量以 PHA 的形式储存起来；当能量缺乏时，PHA 又可以被降解和重新利用。

我们可以把利用微生物获得 PHA 的过程想象成饲养家畜的过程。我们给予微生物所需要的养分，把它们养肥、养大，再将它们体内的“脂肪”——PHA 提取出来。

养微生物似乎比养家畜要容易得多，因为微生物“不挑食”，而且繁殖速度特别快。即使给它们“地沟油”吃，它们也能生产出高品质的PHA。这一切还只是科学家实验的结果，具体落实到生产中，还是有一定难度的。我们要想靠微生物高效、低成本地获得PHA却没那么简单，不仅需要完善的设备、成熟的工艺，还需要大量的专业人员对生产原料和条件不断地进行优化。

从市场经济方面来讲，石油基塑料的价格要更实惠，而PHA材料的单体售价为石油基塑料的2—4倍，成本高昂是限制PHA材料发展的重要因素。也许有一天当PHA材料的价格等于或低于石油基塑料时，才能在市场的选择下得到推广。目前来看，与石油基塑料相比，PHA材料并不占优势，尽管各国政府一直在呼吁和宣传，但是全球环保意识还是很薄弱，仅靠政府支持和一部分人的环保意识是不够的。

但也不要灰心，近些年来，随着合成生物学的兴起，PHA的生产迈上了一个新的台阶。我们可以改变PHA的合成途径，从而降低成本。假如每一个微生物细胞都是一个小小的“工厂”，这个工厂里有着不同的生产线，我们可以通过改变微生物的某一个生产线去改变PHA的合成途径，也可以在已有生产线的基础上进行添加或删减。

在工厂里，生产线的控制是通过电脑程序设定来实现的，而在微生物中，则由遗传密码DNA来决定。通过合成生物学技术，我们可以通过改变微生物的DNA来改变它的生产线，让PHA尽可能多地积累下来。

科学家经过不懈的努力使微生物越来越多地为人类所用，让人类生活变得越来越方便，同时也呼吁我们每个人都要保护我们生活的环境，不要等到灾难来临时才开始想办法解决，对待污染问题一定要未雨绸缪。

第四章

CHAPTER 04

休戚与共：微生物与人类健康

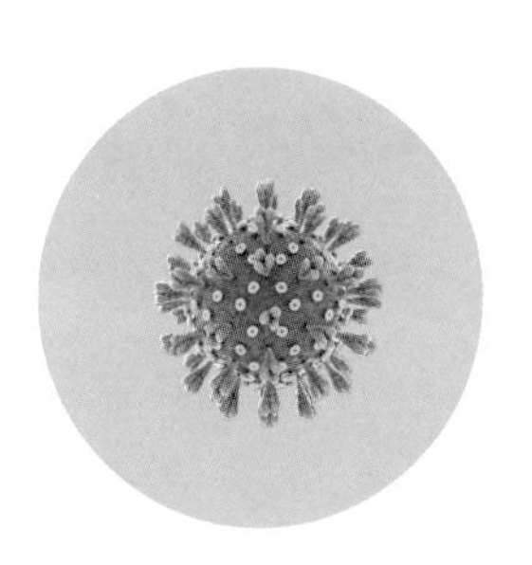

致病微生物与人类的战争

2020年，是被铭记的一年。新型冠状病毒侵染全球，人类被恐慌笼罩，全世界都在奋起抗击。它与2003年的SARS（严重急性呼吸综合征）冠状病毒、2015年的中东呼吸综合征冠状病毒有着千丝万缕的联系，因为它们都是冠状病毒大家族的成员，却比它们更狡猾，更善于伪装，可以在人体内潜伏长达半个月。

从生物学角度讲，冠状病毒为单股正链RNA病毒，广泛存在于自然界中，可以通过飞沫传播，也可通过直接接触传播。冠状病毒进入人体能够引起呼吸系统感染，进一步引发肺炎，严重者会因呼吸衰竭而死亡。

病毒来势汹汹，十分可怕，人类必须积极应对。新型冠状病毒和2003年的SARS，同属于冠状病毒，那它们有什么区别呢？首先，我们必须承认二者之间的相似性，二者的核酸序列相似度高达82%，临床上所表现出来的症状也很相近。但是相比SARS，新型冠状病毒引发的症状轻一些，致死率低，但传染性却更强。

致死率低，但传染性更强，听起来似乎有些不合逻辑，但是如果从进化的角度进行猜想，是病毒变得更狡猾了。它们知道要想长期存在，就必须和它的宿主共存，如果一个病毒的毒性太强，侵染宿主后导致宿主迅速死亡，那么它自身也会很快随之灭亡。

在微生物大家族中，有一部分微生物会对动物、植物及人类的健康产生影响，具有致病性，一般统称为致病微生物。冠状病毒就属于一种致病微生物。回溯历史长河，人类与致病微生物多次交手，伤敌一千，自损八百，接下来就让我们一起来认识一下这些致病微生物。

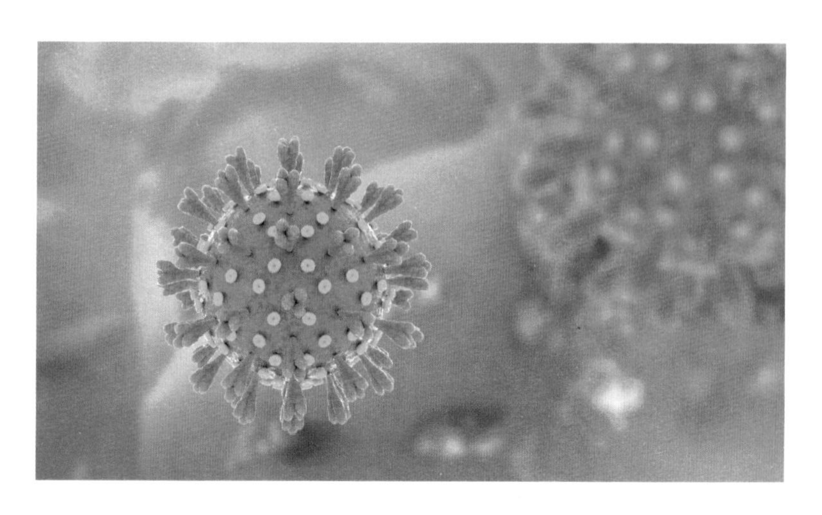

攻击人体细胞的新型冠状病毒

埃博拉病毒

埃博拉病毒曾肆虐一时，导致几十个村庄的居民感染，无一幸免，可以说是致病微生物大军中的一员“虎将”，和新型冠状病毒有得一拼，令人闻风丧胆。为什么这么说呢？埃博拉病毒入侵人体之后，会在血液中大量繁殖，损害多种器官的正常功能，严重时某些病例还会同时有内出血和外出血，极其恐怖。

埃博拉病毒也非常“神秘”，一方面，人类到现在都无法准确地判断其最初来源，只知道它应该存在于热带雨林中；另一方面，每次埃博拉出血热肆虐人类后，又会悄无声息地消失，有时消失甚至长达十几年。自1976 年首次出现至今，埃博拉病毒数次攻击人类，累计造成上万人死亡，致死率高达 50%—90%。

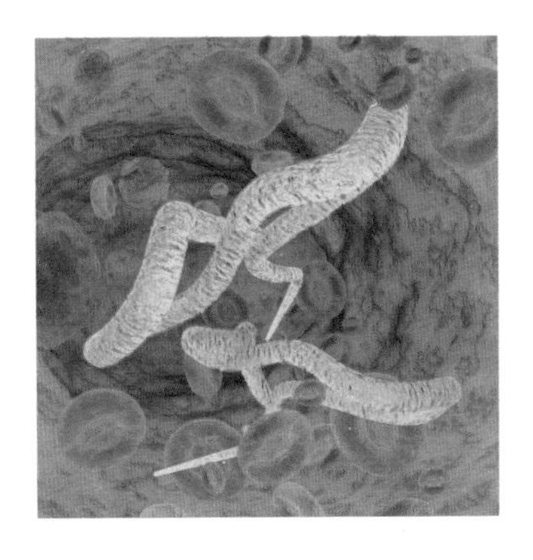

埃博拉病毒

人类与埃博拉病毒的战争已经持续了40多年。因为埃博拉病毒致死率很高，所以它在人类之间的传播力不是很强，再加上科学家的不断努力，已经研制出可以进入临床检验的疫苗。人类在这场战争中略胜一筹。

抑制病毒最好的方法是疫苗。大家对疫苗的了解有多少呢？所谓疫苗，就是用细菌、病毒、肿瘤细胞等制成的可使机体产生特异性免疫的生物制剂，通常做法是将死亡或者失活的病原微生物注入人体，刺激人类的免疫系统产生对抗病原微生物的物质来达到预防病毒入侵的效果。

每一种疫苗的开发都要经过四道程序：实验室研制，临床前研究，Ⅰ/Ⅱ/Ⅲ期临床试验，注册、生产和流通。目前，预防埃博拉病毒的疫苗处在第三阶段，相信不久之后将会上市。

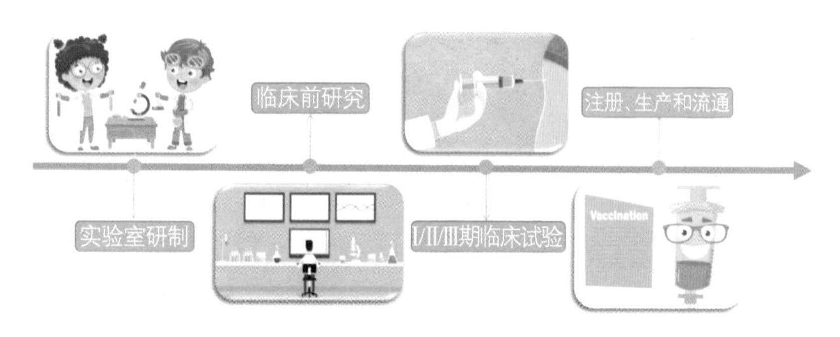

疫苗开发流程（图片来源：谢玉曼绘制）

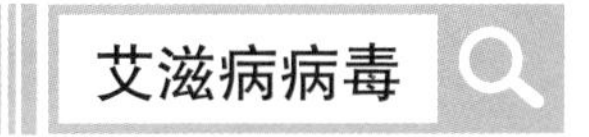

艾滋病病毒

如果你对埃博拉病毒感到陌生，那么艾滋病病毒你一定有所耳闻。艾滋病病毒又被称为人类免疫缺陷病毒。每个病毒都有自己独特的撒手锏，艾滋病病毒作为病毒界的一大“名将”，令人望而生畏，以其无法治愈的特性“秒杀”群雄。到目前为止，人类依旧没能研制出消灭艾滋病病毒的有效药物和疫苗，世界上唯一一个艾滋病痊愈患者还是因为得了白血病而进行骨髓移植得到治愈。

虽然一旦感染艾滋病病毒就无法治愈，但是艾滋病病毒并不像埃博拉病毒那样来势汹汹，它是“温柔”的。从微观上来看，由于其遗传物质的特殊性，艾滋病病毒进入人体之后，不会自我复制，而是将 RNA 逆转录成 DNA 后整合到宿主的基因组中，随宿主的复制而复制，不会破坏宿主细胞，跟宿主一起生存。从宏观上来看，它不像埃博拉病毒那样致命性强，人感染之后会迅速死亡，有些感染艾滋病病毒的患者潜伏期甚至可以长达几年。

既然艾滋病病毒不会“杀人”，那么人感染艾滋病病毒为什么会死亡呢？这是因为艾滋病病毒非常狡猾，它攻击人体内的“保卫军队”——免疫系统。人类的免疫系统一旦被破坏，就等于失去了身体的保护屏障，任何一个致病微生物都可能侵入人体，然后“杀死”人类。

那艾滋病病毒是否能预防呢？艾滋病病毒的传播方式主要有三种：性传播、血液传播和母婴传播。也就是说，我们日常接触艾滋病患者是不会被传染的。

既然没有药物能消灭艾滋病病毒，那么人们就没有别的办法了吗？一旦被感染就只能等死吗？其实也没有这么悲观。1996年，科学家何大一提出了高效抗反转录病毒治疗法，俗称“鸡尾酒疗法”。一个听上去很美的名字，是因为这个治疗方法就像调制鸡尾酒一样，将3种或3种以上的抗病毒药物混合使用，达到抑制艾滋病病毒繁殖的目的。虽然不能彻底消灭艾滋病病毒，但是可以在一定程度上减轻病人的痛苦，对延长病人的生命有很大帮助。

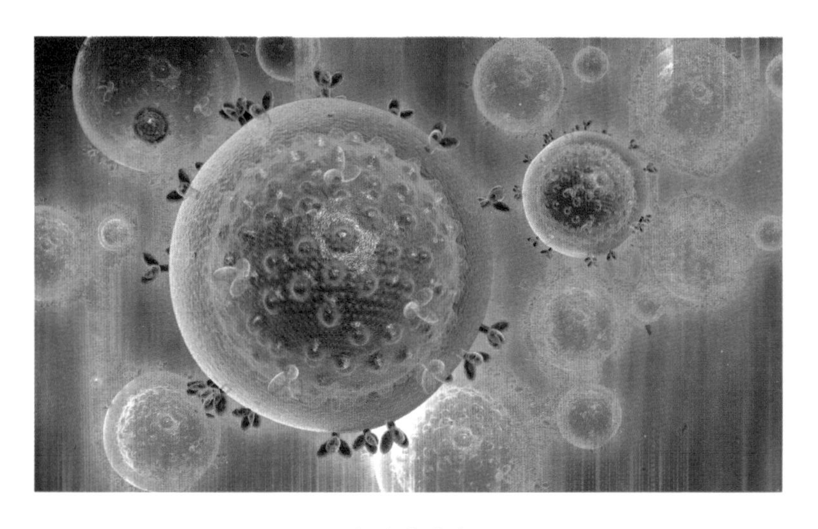

艾滋病病毒

这也算是一个突破了，但是这种治疗方法很难推广，存在一些缺陷，比如费用昂贵、对晚期病人的治疗收效甚微、长期使用会有副作用、可能产生耐药性等，针对不同情况的患者，很难全部治疗。

鼠疫杆菌

鼠疫你一定不陌生吧？顾名思义，是通过老鼠、跳蚤等传染的疾病。那鼠疫是病毒吗？不是所有的致病微生物都是病毒，除了病毒之外，致病微生物中还有细菌，鼠疫杆菌就是一种细菌。

鼠疫杆菌早在2000多年前就跟人类有过“交锋”，如今说起来仍然骇人听闻。鼠疫最早出现在地中海地区，随后又袭击了欧洲，造成近亿人死亡。这还没完，鼠疫的传播速度快、范围广，没多久在全世界范围内又爆发过两次，中国也深受其害。1910年，鼠疫从国外经满洲里传入哈尔滨，人们与疫情抗争了6个多月，最终以近6万人的死亡而暂时告一段落。

鼠疫杆菌究竟是如何攻击人类的呢？一般来讲，人类被携带细菌的老鼠、跳蚤叮咬或者吸入带有细菌的飞沫，细菌传入人体，快速繁殖并且攻击人体的淋巴组织、血管、肺部等，“毒杀”人类的生命。

我们知道，病毒需要依靠宿主才能存活，但鼠疫杆菌是细菌，它对环境有着极强的抵抗力，即使是在死亡几个月的人身上依旧能够存活。因此，鼠疫的出现尤为可怕，曾经是世界上最严重的瘟疫之一，甚至被一些不法分子用于制造生化武器。

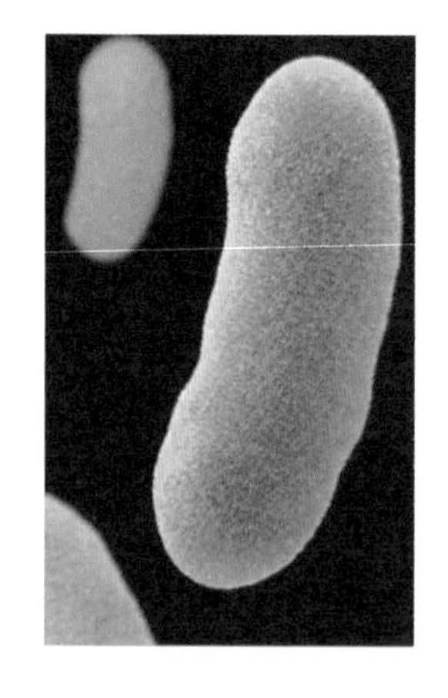

鼠疫杆菌（图片来源：Centers for Disease Control and Prevention）

其他致病微生物

除了以上说到的几种常见致病微生物，大家还可以想到哪些呢？狂犬病毒，100%的致死率，一度令人“谈犬色变”。一旦病发，药石无医，但可以通过注射狂犬疫苗来预防。只要 12 小时内及时注射狂犬疫苗，就可以阻止病发。与鼠疫齐名的中国法定甲类传染病霍乱，其病原体——霍乱弧菌，能让人上吐下泻，失水至死；天花病毒，经由空气传播，感染者全身长满红疹，历史上因此病毒而死亡的人数惊人……

致病微生物千千万，或可预防，或可致死，我们所知道的只是冰山一角。自人类出现以来，致病微生物与人类的战争从未停止。在当今社会，致病微生物不会给人类造成毁灭性的打击，死伤无数的情况一般出现在战乱且落后的年代。那个时候国土动荡、战火纷飞，人们自身难保，哪有人力、物力去研究病毒，因此，致病微生物就会给人类致命一击。

如今国泰民安，科技不断进步，我们对致病微生物的认识逐渐深入，医疗水平和人们的思想境界也在不断提高。一些传统的腐朽思想也正在被科学的认知替代，例如，我们不会再像古人那样不火化病死的人，一定要保留遗体的完整，否则就是对亡者的不尊重，进而导致一些人因瘟疫而死亡，病毒存留在其身上继续传播，也就不会导致人们用了长达两个世纪的时间来研制第一种疫苗（从 15 世纪末天花病毒出现到 18 世纪，人类研制出第一支预防天花的牛痘疫苗历时两个多世纪）。随着人类思想和科技的进步，最终一定能够战胜各种致病微生物。

精准治疗癌症的新思路

说起癌症，很多人真是“谈癌色变”。而在如今的社会，并非所有的癌症都是不治之症，大部分癌症还是有很多种治疗方法的。这就要从人类对肿瘤的认识过程讲起。最早的时候，人们发现某些人的身体会长出一个肿块，这个肿块会随着时间的推移逐渐变大、恶化；最后导致一系列的病变，夺去人的生命。后来，人们就把这种能够逐渐恶化的肿块称为恶性肿瘤，也就是如今俗称的癌症。

癌细胞很难对付，它们十分狡诈，不仅具有近乎无限复制的生存能力，而且还有扩散转移的能力，聪明的它们还能够“策反”保护人体的“安全卫士”——免疫细胞。

但从 19 世纪初手术疗法的诞生，到如今获得具有重大突破的免疫疗法，人类对癌症的认识在不断提高，治疗手段也在不断更新迭代。我们一起来看看治疗癌症都有哪些手段吧。

治疗癌症的四种方法

1. 手术切除

古代对肿瘤的治疗，史书上有过记载，那就是切除。一方面由于古人对肿瘤的认识不足，再者就是医学条件的限制，因此把肿瘤这个“魔头”连根拔除就是古代外科医生们能想到的治疗癌症最直接的方法之一，手术疗法由此诞生。

切除肿瘤后是否就能根治了呢？对于许多早期肿瘤，手术切除能够起到治愈的效果；对于中晚期的肿瘤，手术切除并不能根治。因为这时候的肿瘤已经发展得较为成熟并且发生扩散甚至转移，但是手术可以抑制肿瘤的扩散，改善病人的身体状况，为其他治疗方案的介入扫清障碍。手术疗法见效快、病人痛苦少，因此在诸多治疗方案中，现在仍然占据一定的地位。

2. 放疗和化疗

放疗是一种物理手段的治疗方法。它的原理是利用放射性同位素产生的放射线来局部杀伤肿瘤。由于放疗需要将放射线聚焦在治疗部位上，所以这种方法只对患有实体恶性肿瘤的患者有效，对于诸如白血病（血癌）等没有实体瘤且具有潜在的转移病灶，以及已经发生临床转移的患者是没有好的治疗效果的。

化疗是化学药物治疗的简称。药物通过血液循环进入全身绝大部分器官和组织，对癌细胞进行大规模、大范围的“屠杀”，将其全部歼灭以达到治疗的效果。放疗针对实体肿瘤的患者，而化疗主要是针对非实体瘤和中晚期已发生癌细胞转移、扩散的患者。

放疗和化疗是有治疗效果的，但更像是两把治疗癌症的“双刃剑”，它们在消灭癌细胞的同时，也会导致机体免疫细胞的大规模死亡，正所谓“伤敌一千，自损八百”。无论是放疗还是化疗，都会产生强烈的副作用，

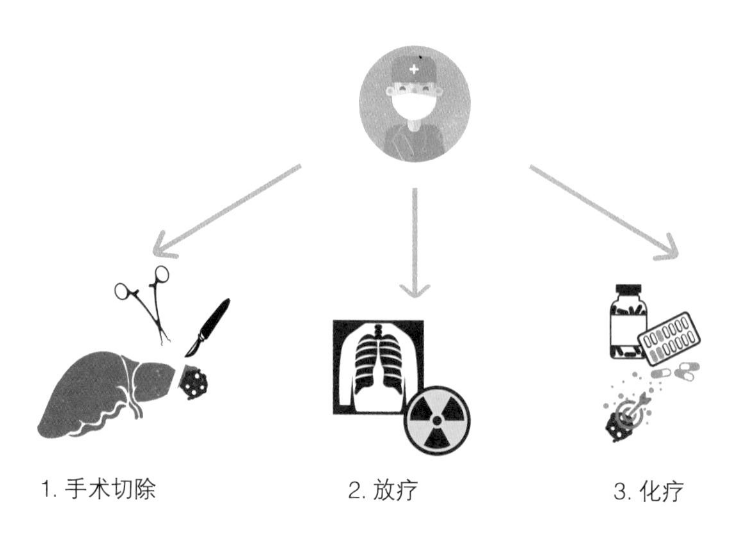

传统疗法三板斧——手术切除、放疗和化疗概念图（图片来源：莫雨轩绘制）

导致病人局部或全身性的不良反应，如恶心、呕吐、腹泻等消化系统反应，还有骨骼疼痛、脱发、器官功能损伤和衰竭等其他反应。因此抗癌是一个艰难的过程，患者一定要保持良好的心态。

3. 免疫疗法

我们身体的免疫系统如同所向披靡、战无不胜的"军队"，但癌细胞利用狡诈的手段打入军队内部，伪装成"间谍"，它们释放信号分子蒙蔽免疫细胞的"双眼"，还"策反"我们的"安全卫士"——免疫细胞，让其为恶性肿瘤充当"保护伞"，为肿瘤细胞的增殖"保驾护航"。

免疫疗法，就像俗话说的"解铃还须系铃人"，重新唤醒我们机体的免疫细胞，擦亮它们的"双眼"，让它们认清"间谍"，去消灭癌细胞。目前，比较具有代表性的免疫疗法是嵌合抗原受体T细胞疗法和PD-1/PD-L1等免疫检查点抑制剂疗法等。

4. 细菌疗法

细菌是存在于我们生活中的隐形财富和宝贵资源，如果加以利用，将会为人类社会做出不可磨灭的贡献。科学家们也是从细菌的身上，发现了另一种治疗肿瘤的方法。

用细菌治疗肿瘤，并不是一种新颖的方法，其历史可以回溯到150年前。最早的时候，德国临床医生布希发现患有恶性肿瘤的患者在感染丹毒（现称为化脓性链球菌）时，原来的肿瘤病状会得到相应缓解。

后来，外科医生威廉姆·科利受到这件事的启发，总结了大量的恶性肿瘤病例，产生了一个大胆的想法：用细菌治疗恶性肿瘤，也许会起到“以毒攻毒”的治疗效果。随后，科利进行了一次大胆的尝试，有目的地让恶性肿瘤患者主动去感染化脓性链球菌。结果，一名患者在感染化脓性链球菌后，头颈癌竟然被治愈了。

但是，用活细菌治疗疾病具有极高的生物安全风险，稍有不慎患者就会因感染细菌而失去生命。科利通过阅读、总结大量的恶性肿瘤病例和治疗方案，研制出如今为人津津乐道的灭活细菌制剂——科利毒素。

虽然科利通过细菌灭活的方式降低了生物安全风险，但也暴露出患者响应差异性大、重复性差等缺陷，再加之细菌感染易引起人们的恐慌，所以这一疗法并不被社会广泛接受。另外，在当时的年代，放疗与化疗大放异彩，让人们看到了消灭癌症的希望，所以科利毒素这一肿瘤细菌疗法逐渐湮没在历史的长河中，不再受到人们的更多关注。

当时，很多人认为细菌疗法就是免疫疗法，因为细菌作为病原菌被摄入人体后，打破了机体内原有的免疫微环境，激活免疫细胞后，在杀伤细菌的同时，也消灭癌细胞。因此，威廉姆·科利也被尊称为“癌症免疫疗法之父”。很多年后，当人们再次统计、整理科利毒素的治疗结果时，却有了令人瞠目结舌的发现：科利毒素的疗效丝毫不逊于如今的常规治疗方法，甚至可以说与如今的常规治疗方法旗鼓相当。

随着科学研究的深入，人们对利用细菌治疗癌症越来越有信心。越来越多的临床试验证明，一些经过改造的细菌就像激活剂一样，不仅能重新激活人体免疫细胞，还可以像追踪导弹一样，通过血液循环进入实体瘤的内部增殖生长，精准打击肿瘤目标，破坏瘤内的微环境，由内而外达到消灭癌细胞的目的。

细菌在抗癌方面带给我们太多的惊喜，因为活细菌具有自主运动能力，基因工程改造也就更加方便，所以研究者们一直没有放弃利用活细菌治疗肿瘤的尝试。如今，终于有了突破，研究者们能够改装“细菌导弹”，让其搭载抗癌药剂冲向肿瘤，从而达到强化杀伤肿瘤的效果。目前，已经被报道的“细菌导弹”数不胜数，如单核细胞增多性李斯特菌 、破伤风梭菌等致病菌以及大肠杆菌、中华短芽孢杆菌等非致病菌。它们都为人类抗癌做出了突出贡献。

随着对肿瘤内微环境研究的逐渐深入，研究者发现肿瘤内血管走向和形状多为扭曲状态，血液流通不畅，导致内部环境缺氧，会在中心形成一个缺氧区。那是不是细菌在这个区域不能存活呢？别忘了，有一些细菌，诸如双歧杆菌等专性厌氧菌和鼠伤寒沙门氏菌等兼性厌氧菌，它们完全不在乎氧气，在肿瘤内生存定植占有巨大优势，因此它们就是天然的肿瘤靶向载体。

由减毒的牛型结核分枝杆菌制成的卡介苗是最早获得美国食品药品监督管理局批准的活细菌制剂。卡介苗如今是新出生婴儿必须接种的一类疫苗，不仅如此，它还是能够治疗复发性浅表性膀胱癌的佐剂药物。

合成生物学优化细菌疗法

作为 21 世纪新兴的交叉学科，合成生物学线路为肿瘤治疗提供了全新的治疗策略，合成多功能的基因，能优化细菌，有效地弥补天然细菌治疗肿瘤的缺陷，为进一步攻克癌症带来了发展契机，让沉寂百年的肿瘤细菌疗法重新焕发生机。细菌被优化后会变成什么样呢？对病原菌进行减毒处理能使其更安全；对细菌的游动能力进行改造能使其活动性更强；对细菌表面的某些蛋白进行修饰能使其与人体内的细胞特异性结合……下面就让我们一起看看可以优化细菌的哪些性能。

1. 细菌的安全性优化

在应用致病菌进行肿瘤治疗的过程中，科学家们首先要考虑的是致病菌是否会威胁到人体的安全。为了降低这种风险，根据合成生物学的设计理念，科学家们设计了一种可以提高细菌安全性的方法，可以利用人工系统进行控制，并为其起了一个很酷的名字，叫“自杀开关”。

那么如何控制这个开关呢？“自杀开关”的作用就是在限定的条件下诱导致死基因表达，导致细菌死亡。将“自杀开关”引入抗肿瘤细菌中，能够保证细菌仅在感知肿瘤区特异信号时正常增殖。若细菌逃逸，则启动自杀基因表达，杀死细菌，这种“自杀开关”的应用能有效地避免细菌逃逸到人体别的区域。

2. 细菌的治疗策略优化

群体感应基因线路是一种智能反馈系统，它能够让基因在特定宿主器官部位受到控制并表达出来。在治疗肿瘤的过程中，群体感应基因线路能够通过感知细菌的菌群密度，自动调节治疗性药物蛋白的输出表达，就像调控师一样规避药物剂量风险，保护正常组织器官不受损伤。

3. 细菌的智能性优化

随着合成生物学的工程理念越来越先进，细菌被科学家们赋予了各种多样化、智能化的功能。其中 Tal Danino 团队设计的一款“大肠杆菌生物传感器”比较神奇，医生可以通过观察尿液的颜色变化来判断患者的肿瘤发展情况，为治疗提供了便利。

Matthew Chang 团队也曾通过重新编程肠道益生菌——大肠杆菌 Nissle 1917，使其在细胞表面表达一个特别的蛋白质，该蛋白质能与一种在癌细胞中表达的蛋白多糖结合。同时，通过基因编程引入一种酶类物质，能够将患者食用的西兰花中的天然成分转化为一种抗癌有机小分子。这项发明给了人们巨大的鼓舞，经合成生物学改造的细菌居然能将常规食物转化为预防或治疗癌症的药剂，这个发明的潜在价值对于抗癌工程不可估量。

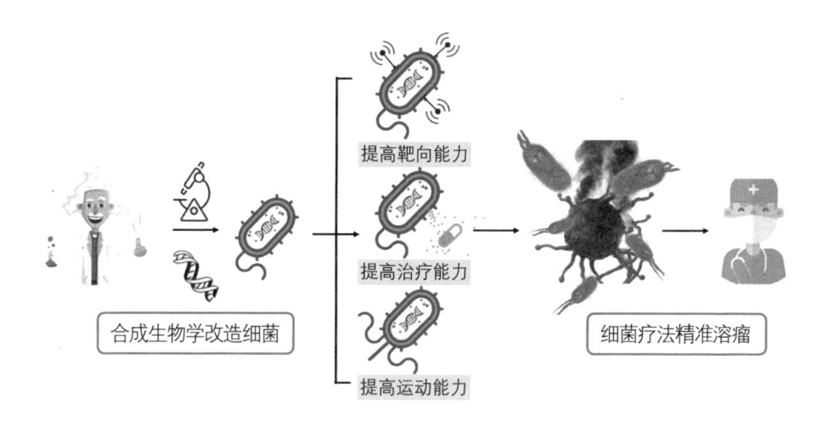

细菌疗法概念图——精准打击恶性实体瘤的“智能导弹”（图片来源：莫雨轩、董宇轩绘制）

微生物世界的寻宝游戏

当人们生病了，会优先使用抗生素。抗生素为人类平均寿命的延长做出了巨大贡献。那你知道什么是抗生素吗？从科学上讲，抗生素是微生物或高等动植物在生活过程中产生的具有抗病原体或其他活性的一类化合物，能干扰其他细胞发育。世界上第一个具有杀菌功效的抗生素是青霉素，其是由英国细菌学家亚历山大·弗莱明在培养金黄色葡萄球菌时意外发现的。后来，病理学家弗洛里与生物化学家钱恩合作从青霉菌中提取出了具有杀菌功效的青霉素（又名盘尼西林）。

第二次世界大战期间，青霉素成功地挽救了成千上万人的生命，成了家喻户晓的救命药物。弗莱明因此与弗洛里、钱恩共同获得了1945年诺贝尔生理学或医学奖。

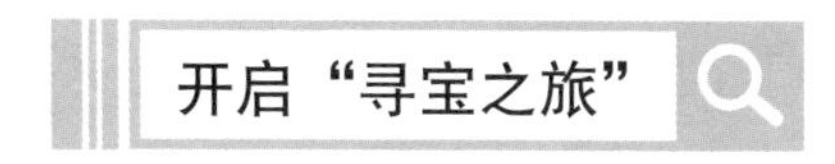

开启“寻宝之旅”

青霉素的发现和推广，让科学家们尝到了抗生素的

“甜头”。随后，他们开始把目光转向其他微生物，并开始了他们的“寻宝之旅”。

20世纪40年代到60年代是天然抗生素发现的“黄金时期”。这不得不归功于液相色谱-质谱联用仪（可以准确地测定化合物的相对分子质量）和核磁共振技术（可以准确地测定化合物的结构），这两项技术的发展，让科学家们在微生物中发现了更多的宝藏。得益于这些“寻宝”活动，目前，由微生物发酵获得的药物约占全球医药生产总值的50%。

在“寻宝”的过程中，其中比较著名的一个例子是，科学家从灰色链霉菌中分离得到了链霉素，它具有抗结核杆菌的功效，可用于治疗肺结核。结核病在古代可是不治之症，这个突破给了科学家更大的信心。随后，科学家又从链霉菌中发现了更多的抗生素，例如，红霉素——可用于治疗金黄色葡萄球菌感染；阿维菌素——可用于农业杀虫、杀菌。目前发现的抗生素中约有60%来自链霉菌，它真是为人类的医药事业做出了大贡献。

科学家的“寻宝”过程并未只局限在细菌上，对真菌资源的挖掘也是他们的目标之一。目前已知的真菌中可以致病的真菌有很多种，但是可以治病的真菌也不少。目前，市场上已经有约40种真菌代谢产物衍生物药品了，包括可用于降血脂的洛伐他汀和美伐他汀，用于器官移植时的免疫抑制剂环孢素和霉酚酸，以及治疗真菌感染的灰霉素和棘白菌素类药物等。

科学家们在“寻宝”的过程中，还会有意外收获，发现了一些对人类有害的物质，具有毒性与致癌性，比如黄曲霉毒素、烟曲霉素等。

微生物世界对于科学家们来说有着致命的吸引力，那里有很多未知的事物等待人们去发现。很多科学家已经跟微生物“交战”过无数次，他们经验丰富，往往能够更快地找到新的化合物，或者从那些“其貌不扬”的微生物身上找到其他人很难发现的化合物。

寻找化合物的方法

1. 共培养

真菌与细菌虽然不属于一个物种，但是微生物和人一样，也会彼此交流。将有些组合放在一起培养时，它们可以进行信息交流，为彼此提供互补的物质，刺激体内的代谢活动，产生新的物质。例如，将一株盘多毛孢属的真菌与一株来自海洋的耐药细菌一起培养时，科学家在发酵产物中得到了一类新的苯甲酮类抗生素，其对耐药细菌有良好的抗菌作用。听起来就好像一个男人和一个女人组成一个家庭，然后孕育了一个宝宝。微生物的世界真的太有趣了！

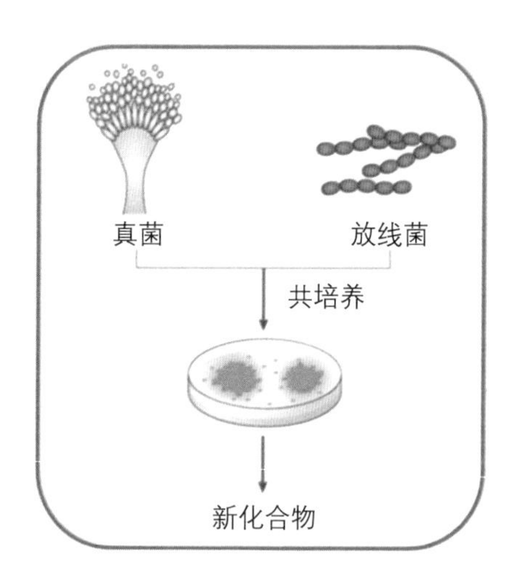

真菌与细菌共培养示意图（图片来源：Rutledge & Challis, 2015）

2. 组蛋白修饰

组蛋白修饰在微生物体内扮演着重要的角色，染色体经过组蛋白修饰后，通常会形成异染色质，从而阻止区域内的基因表达。而科学家在微生物发酵培养基中，加入组蛋白抑制剂，人为进行干预，改变染色体的状态，从而激活一些基因簇的表达，产生新的化合物。例如，有人通过在黑曲霉的培养过程中加入组蛋白去乙酰化酶抑制剂——异羟肟酸后，发现了黑曲霉原本不会产生的新的化合物。

异染色质与常染色质（图片来源：门萍绘制）

3. 转录调控

在细菌、真菌的基因簇中，很大一部分都存在转录调节因子。什么是基因簇和转录调节因子呢？如果把一个基因簇比作一条生产线，那么转录调节因子就如同生产线的控制中心。有一些基因簇在实验室条件下是“沉默”的，科学家就会给转录调节因子替换一个强启动因子，如同开启了基因簇上的控制中心，基因簇就会得到正常的表达。

利用强启动因子激活“沉默”的基因簇（图片来源：门萍绘制）

4. 寻找一个“新工厂”

负责化合物合成的基因簇就好比一条汽车的生产线，一辆汽车的组装，不能缺乏任何一个零件。当原厂地缺乏原料时，我们需要给基因簇寻找一个条件齐全的“新工厂”。“新工厂”也不是谁都能担当的，需要什么条件呢？要选择了解比较透彻的“新工厂”，例如，模式微生物大肠杆菌和酿酒酵母，它们便于操控，从而易于得到目标化合物。

5. 组合生物学合成新的药物

随着研究的深入，科学家发现细菌的耐药性在增强，它们对现有抗生素产生了耐受性，“超级细菌”“超级真菌”的出现会让药效大大减退。于是，科学家想到了利用组合生物合成的方法来创造新的化合物。

这种组合生物的合成，就是在理解合成与催化原理的基础上，将不同来源的代谢产物的合成基因按照不同的组合方式导入同一株菌中，产生新的化合物。听起来好像有一点复杂，我们可以把产生一个化合物的所有基因比喻成积木，组合生物合成就代表积木的新搭配方法。

相同的积木，但按不同的方式搭建出来的东西是不一样的。例如，达托霉素是一种可用于脓肿、手术切口感染等的环脂肽类新型抗生素，通过对其基因簇中的模块进行替换、氨基酸修饰、脂肪酸修饰等，能够合成更多的达托霉素类似物。

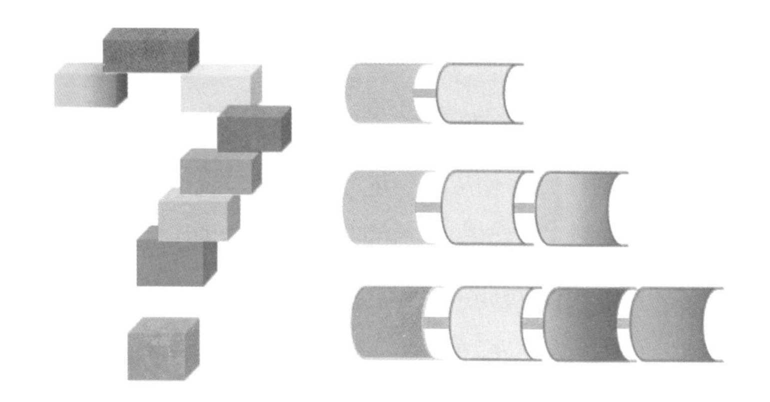

积木搭建与组合生物学示意图（图片来源：门萍绘制）

微生物中蕴含丰富的资源，多得超乎我们的想象，只是目前技术条件有限，并不能完全满足人们对微生物资源的开发和利用。未来如何让微生物更好地为人类服务，需要开发更精确、实用性更强的生物技术。

肠道微生物：健康守护者

在科幻电影中，我们常常看到这样的故事：邪恶的外来物种寄生于人体内，在地球上搞破坏，正义的主人公能够借助其中还存有善心的外来生物的力量，消灭邪恶的入侵者，拯救世界，比如《毒液》和《寄生兽》。现实生活中，在我们的体内也存在着这样的“外来物种”，它们不属于我们的身体细胞，但一直存在于我们的体内，与我们的健康息息相关，它们就是肠道微生物。

所有的疾病来源于肠道

肠道微生物是人们对所有生活在肠道中的微生物的总称，包括细菌、真菌、病毒、原虫等。这些微生物对人类的影响各不相同，有能维护人类健康的有益微生物，也有能引起疾病的致病微生物，还有一种会根据环境变化、大多数情况下对人体有益但在某些情况下又能致病的微生物，人们叫它们条件致病微生物。这些微生物在人体肠道中组成了一个小型的但是非常复杂的生态系统，就像一个小社会，既参与了人体的生长发育，又维持人体正常的生理功能。

肠道是人体最大的消化器官，人类所需的营养物质的 99%都是由肠道吸收进入的，因此人们在很早之前就认识到，肠道健康是身体健康的基础。关于这个观点，科学家是怎么说的呢？西方的医学之父希波克拉底说过："所有的疾病来源于肠道。"诺贝尔奖获得者梅契尼科夫也认为，人体健康取决于肠道。历来有"肠无渣，面如花"的说法，无法排出肠道的有害物质是人体患病的主要原因。

为什么肠道里会有微生物呢？因为微生物喜欢恒温、富营养、含有微量氧气、pH 适中且稳定的肠道环境，它们在这样的环境里会舒服地生长。那肠道里究竟有多少微生物呢？肠道中绝大部分的微生物不能在人体之外的环境中被培养出来，但我们可以通过检测这些微生物的核酸来确定它们的存在。

核酸，听起来并不陌生，尤其是 2020 年，整整一年我们的耳边都是关于核酸检测的信息，靠核酸检测来判断人体是否感染新型冠状病毒。人们通过检测核酸序列发现，肠道中超过 90%的基因是细菌的基因。不完全估算，肠道中约有 10^{13}—10^{14} 个细菌，这个数量十分惊人，几乎与人体细胞数量相当，但所含基因组却是人体所含基因组的150倍，菌体总质量为1.0—1.5千克。基因组是什么？简单来说，是细胞共生物体的全套遗传物质，或载有遗传信息的所有核酸。

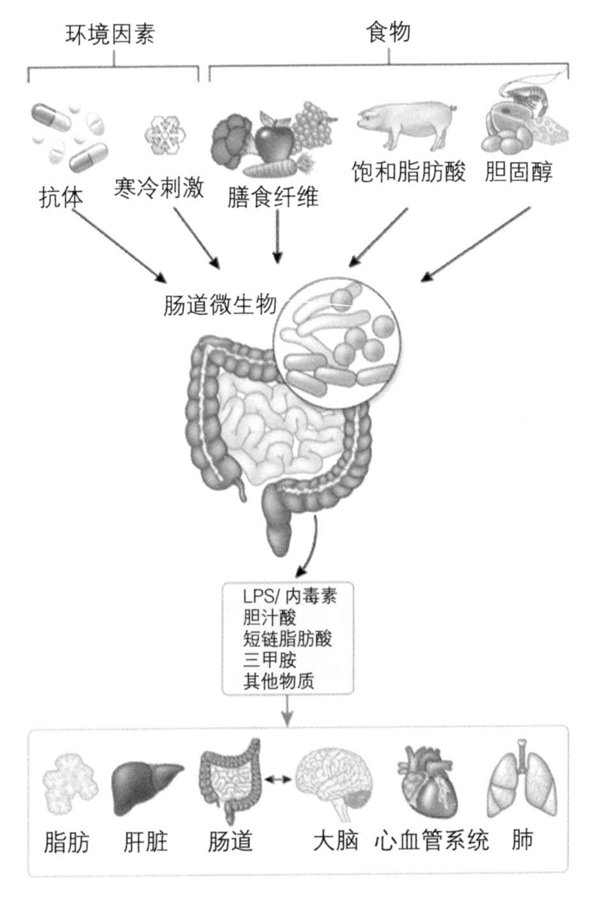

肠道微生物受环境和食物的影响，产生代谢产物，进而影响机体的各大器官（图片来源：Schroeder BO,et al,2016）

每个人身体内的菌群不尽相同，但它们的功能大多相似。这就像一所学校里有老师、有学生，虽然每所学校里的老师和学生的数量不同，但老师都在发挥教书育人的功能。肠道中微生物的组成和结构虽然在不同的个体中有差别，但它们对人体的功能大多相似。

我们一定要保护好自己的肠道，肠道菌群的失调，可能会诱发大多数疾病。这并非危言耸听，目前已经发现大部分慢性疾病，如代谢性疾病、心血管疾病、胃肠道疾病、肝脏疾病、呼吸系统疾病、精神疾病等都与肠道微生物相关。

肠道微生物与器官之间的联系

一直在说肠道对人体健康的影响不容小觑，那肠道中的微生物是如何对人体造成影响的呢？原来，肠道微生物及其代谢产物能与人体的全身器官进行物质交换和信息交流。科学家把这种交流途径称为“肠—器官轴”。目前研究得最多的是肠—肝轴、肠—脑轴和肠—肺轴。

肠道与肝脏之间的交流称为肠—肝轴。肠道和肝脏能通过胆道、门静脉和体循环进行双向交流。肝脏能通过胆道将胆汁盐和抗微生物分子，如免疫球蛋白 A（IgA）和血管生成素运输到肠腔。体循环将肝脏代谢物，如游离脂肪酸、胆碱代谢物、乙醇代谢物等通过毛细血管系统输送到肠道。

与此同时，来源于肠道的产物，比如肠道中的营养物质、微生物及其代谢产物，也可以通过门静脉移动至肝脏，并影响肝功能。

目前，已经发现酒精性肝炎、非酒精性脂肪肝、肝纤维化、肝硬化和肝癌等肝脏疾病皆与肠道微生物相关。

肠道与大脑之间的交流称为肠—脑轴。肠道和大脑之间有着密切的联系。如果人经常产生紧张、焦虑的情绪，那么肠道菌群就会接收到这种信号，变得紊乱，从而产生 5-羟色胺等神经递质，影响人的行为、心情和记忆等。脑神经和肠道神经也会经常交流，大脑能通过神经系统和神经内分泌系统调节胃肠道中的相关细胞，对肠道菌群产生影响。肠道菌群平衡，就会向大脑传递“快乐物质”；肠道菌群失衡，就不会合成“快乐物质”，久而久之，大脑感受不到快乐的情绪，就会产生多种精神疾病，比如抑郁症、阿尔茨海默病、多发性硬化症、精神分裂症等，都与肠道息息相关。

肠道与肺部之间的交流称为肠—肺轴。中医上有

“肺与大肠相表里”的概念，主要是强调肺和肠的紧密关系。现代医学认为，肠和肺被淋巴液包围，能够通过淋巴液进行物质交换。

此外，肠道菌群及其代谢产物能够调节免疫系统，影响肺部炎症。若大肠湿热，则会导致哮喘、慢性阻塞性肺病、呼吸道感染、肺纤维化、肺结核等肺部疾病，因此肺部的健康会随着肠道微生物的改变而改变。

肠道微生物对人体生理功能的影响

肠道微生物不仅影响着人体的器官，也参与了人体的代谢，人体代谢所需要35%以上的酶类由肠道微生物合成，所以肠道微生物能协助人体消化食物、吸收营养、排除废物和毒素。人体每天的能量需求的10%来自肠道微生物的发酵。很多病菌在肠道内会受到肠道内益菌群的抵抗，不能参与人体循环，会被排出体外。而肠道菌群代谢食物后产生的代谢产物会为人体的免疫系统提供营养。

想要身体健康，先要肠道健康，食物中的膳食纤维会被肠道菌群代谢为对人体有益的短链脂肪酸，而食物中的肉碱、胆碱、卵磷脂等成分经肠道菌群代谢后会产生氧化三甲胺等有害物质，引起代谢及心血管疾病。因此，合理设计膳食结构，使肠道微生物保持在一个健康的状态，对维持人体健康至关重要。

科学家通过实验发现，在无菌环境中出生并长大的无菌动物，它们的肠道相关淋巴组织、脾脏、胸腺等初级和次级免疫器官都存在不同程度的发育缺陷。这就充分说明，肠道微生物不仅维持着免疫系统正常运转，甚至在免疫系统发育直至成熟的过程中发挥重要作用。

此外，肠道微生物还能调节人体的免疫反应，一些免疫性疾病，比如自身免疫病、系统性红斑狼疮等已经证实与肠道微生物失调相关。

肠道微生物的应用

肠道微生物对我们人体如此重要，我们该如何利用肠道微生物，维持机体的健康呢？科学家们早就发现了调节肠道微生物可防治很多疾病。如果肠道生病了，可以把健康人的粪便经过处理后移植到患者体内，这种方法叫作粪菌移植。中国古代医学典籍《肘后备急方》和

《本草纲目》中都有粪便入药的记载。

近现代的医学研究也发现，如果把健康人的粪便移植到患者的体内，也能对便秘、肠易激综合征等疾病起到一定的缓解作用。此外，临床上也常用粪菌移植法治疗复发性艰难梭菌感染，但是粪菌移植的疗效及应用前景有一定的难度，需要科学的、严谨的实验成果去进一步验证。

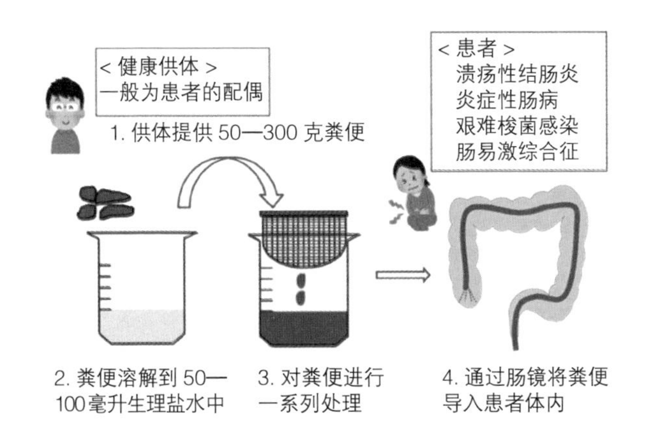

粪菌移植示意图（图片来源：Matsuoka K,et al,2014）

对于健康这件事情，我们应该以预防为主，不要等到生病了再去补救。在日常生活中，我们可以通过食用膳食纤维等微生态调节剂，或直接食用益生菌来帮助机体维持肠道微生物的健康。目前，市面上已经有一些用活菌做的药物了，比如双歧杆菌三联活菌肠溶胶囊、枯草杆菌二联活菌颗粒等。

现在你知道肠道健康的重要性了吧！肠道健康就是肠道微生物的健康，这是人体健康的基石，随着科学家对肠道微生物研究的深入，相信以后就可以通过精准调控肠道微生物来防治慢性疾病，这一天不会太遥远。

第五章

CHAPTER 05

奇思妙想：打破物种边界

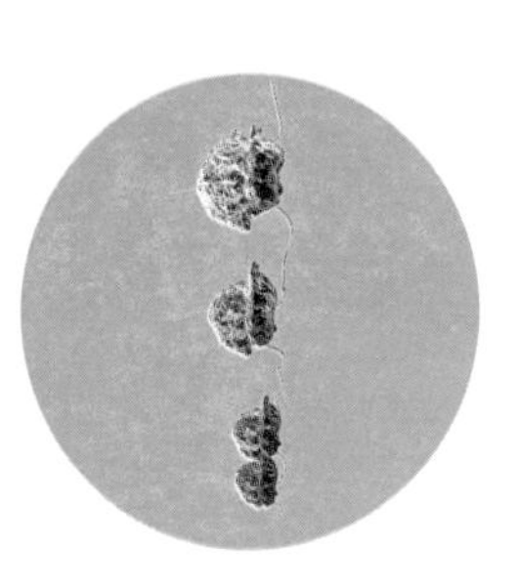

微生物与植物种植：奇妙的共生友谊

民间曾流传这样一句谚语：“豆后谷，享现福；谷后豆，吃肥肉。”这句话告诉我们谷物和豆类要交替种植才能有好的收成。这是什么科学原理呢？一切都要从植物的好朋友——固氮菌说起。

固氮菌的家庭成员

固氮菌，从名字上分析就是固定住氮的菌，为什么要固定住氮呢？我们先来了解一下氮的功能。氮是合成氨基酸的重要元素，而氨基酸则是生物体内蛋白质的基本组成单位。如果没有氮元素，生命便不存在。空气中约 78%的成分是氮气，但这些氮气必须转化为硝酸盐或铵盐的形式才能被生物体吸收和利用。

固氮菌可以将空气中的氮固定到化合物中形成氨，这个过程我们称之为固氮过程。而氨在土壤中则很容易被转化为铵盐或硝酸盐从而被植物吸收和利用。

大家可能会好奇，固氮菌为何如此“好心”将氮固定呢？它们能获得什么呢？让我们先来一起了解一下固氮菌的习性，或许就能找到答案了。科学家们按照固氮菌的特点，以及其与植物的关系将固氮菌分为三类：自生固氮菌、共生固氮菌、联合固氮菌。

自生固氮菌指的是自由生活，可独立固氮的细菌，它们从空气中吸收氮气，转化为氨，然后用于自身蛋白质的合成和繁殖。它们生前与植物毫无瓜葛，但是死后的“遗体”会作为氮肥供植物使用，比如以念珠藻为代表的固氮蓝藻等。但是这种固氮方式有点类似于额外的中彩票带来的收入，无法满足植物日常对氮的需求。

共生固氮菌则有所不同，它们与植物开展了长期合作的稳定关系。植物为它们提供了“容身之所”，比如根瘤。

共生固氮菌将在特定结构内固定的氮供给植物，促进其氨基酸等多种重要物质的合成。当然植物也不会白白索取，作为交换，植物也将自己光合作用合成的碳源等营养物质供给固氮菌以保证它的繁殖。对固氮菌尤其是共生固氮菌而言，固氮过程是它与植物进行物质交换的一种筹码。它与植物互相成就，这种合作关系比自生固氮菌单独固氮要稳定很多。

除了自生固氮菌和共生固氮菌外，还有一类叫联合固氮菌，介于自生固氮菌和共生固氮菌之间。它们既可以自行固氮也可以与植物一起生存，但是又不会形成像根瘤那样的特化结构。它们要更自由一点，一般通过植物侧根的间隙以及根毛等组织进入植物体内，生活在植物的皮层细胞内或细胞间。

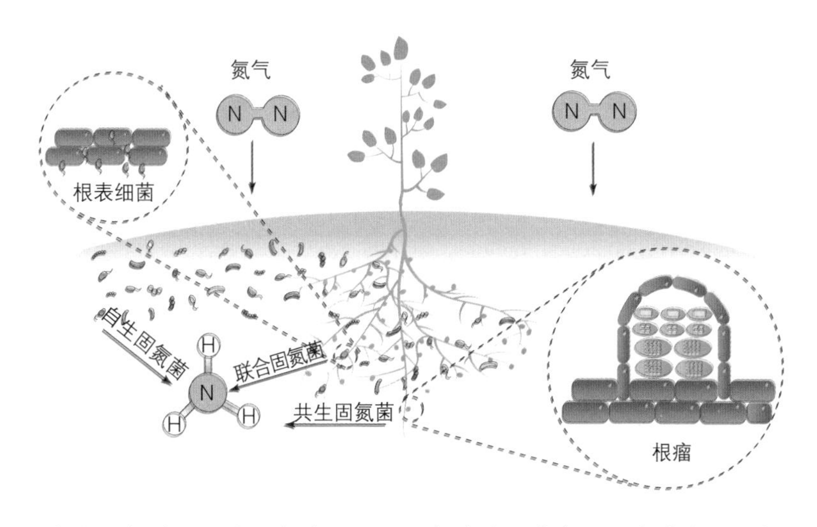

自生固氮菌、共生固氮菌及联合固氮菌（图片来源：钱景美绘制）

固氮过程

我们都知道固氮过程是为了形成氨，这是一个化学反应，所有的化学反应的发生都需要极其严苛的条件，如高温、强酸等。但是在自然界中，很难有这样的条件，大部分生物体温较为适中，并且自身的酸碱度偏中性，这些都无法为化学反应提供条件。这时候，想要实现固氮的过程，我们必须先了解一下生物体内存在的一种高效的催化剂——酶。

酶是一种由活细胞产生，对底物有着高效催化作用的蛋白质，即使在较温和的条件下也可以催化化学反应的进行。生物体的生存离不开化学反应，几乎所有化学反应过程，如食物的消化分解、植物的光合作用等都需要酶的参与和协助。固氮过程自然也不例外，其介质是固氮酶，而且固氮酶是目前唯一一种已知的能催化该反应的酶。

固氮酶是一种金属酶，只有当金属离子和蛋白结合时才能催化活性，二者分离时酶的活性就会消失。它有两个铁蛋白复合的同二聚体，一个由铁钼蛋白复合的异二聚体。自然界中有三种不同金属的固氮酶，它们的区别在于异二聚体到底由何种蛋白组成（铁钼

蛋白、铁钒蛋白和铁蛋白）。其中铁钼蛋白的固氮效率最高。

固氮过程到底是怎么回事呢？它其实就是消耗能量和电子，最终得到氨的过程。这期间所需的能量和电子都由呼吸作用提供。生物体内的主要能量形式是 ATP，ATP 水解为二磷酸腺苷（ADP）和水，同时释放能量供给化学反应。

固氮过程开始后，ATP 水解为 ADP 和磷酸，同时为电子转移提供能量。同二聚体铁蛋白通过氧化态和还原态的转换，将来源于还原剂（铁氧还原蛋白）的电子传递给异二聚体钼铁蛋白。

ATP 的水解还会使固氮酶产生变化，使得铁蛋白和铁钼蛋白靠得更近一些，有助于电子的传递。铁钼蛋白也是通过氧化还原的转换，将电子传递给氮气。氮气得到电子后被还原成氨气，同时生成氢气。固氮过程也就告一段落了。

氨气在固氮共生体细胞中与氢离子结合变成铵并转运到植物细胞中，或是通过自由扩散直接进入植物细胞中。也有一些固氮菌会将氨气留在体内合成氨基酸后再向植物转运。

固氮“业务”的建立与拓宽

植物与固氮菌之间的合作是“1+1>2”的关系。有了固氮菌提供的养分，植物才能吸收土壤中的营养快速生长。那么问题来了，土壤中不止一种微生物，植物和固氮菌是靠什么找到彼此的呢？下面以豆科植物与根瘤菌的“相识”为例。

豆科植物在生长过程中会分泌一些物质到根周围的土壤中，这些物质的主要成分是类黄酮和异黄酮。这个过程就像广告一样，根瘤菌收到信号后便会分泌一种叫结瘤因子的物质，这个结瘤因子的分子本质就是脂多糖。

脂多糖与植物根细胞表面的结瘤因子受体结合，就会引起根系细胞内部信号变化，向植物传递信息，从而使根瘤菌顺利进入植物体内。当固氮菌与植物细胞形成固氮共生体时，就意味着它们的合作开始了。

豆科植物与根瘤菌有良好的共生关系，根瘤菌帮助豆科植物集中丰富氮，在土壤中植物可利用的氮浓度也随之增加，因此谷物和豆类轮作可达到增产的目的。这是一种天然的、无危害的种植方法。

合理施肥才能保障植物健康生长

现代农业为了提高农产品产量，往往会向土地中施加过量的化肥。这些施用不当的化肥会造成很大的环境问题。比如施入农田中的氮肥有相当数量直接从土壤中挥发在大气中变为氮氧化物，造成环境污染。除此之外，化肥过度使用还会造成土壤板结、水体富营氧化等问题。因此，合理施肥，开发绿色原生态农业才是实现农业可持续发展的有效途径。

化肥对环境危害很大，那固氮过程是否能推广到农作物上，为绿色农业提供一些可行性呢？对此，科学家们也为农民伯伯提供了一些思路。

首先，这个计划是否可行。科学家想到可以将固氮过程“移植”到作物中，使作物直接吸收空气中的氮并转化为自身利用的氨，从而放弃化肥的使用。这听起来十分美好，但实施起来相当有难度。因为固氮过程是由固氮酶催化的，固氮酶的结构十分复杂，即使将固氮酶的基因全部移入植物体内也未必能成功合成。

其次，这个计划是否实用。固氮酶是一种金属酶，如果暴露在氧气下便很快会失去活性。固氮菌的固氮酶对氧分子极为敏感，它活性的发挥必须在无氧条件下进行。但植物的光合作用又是产生氧气的过程。这简直就是固氮酶存活的大敌。所以在植物体内，尤其是在进行光合作用的细胞体内直接固氮较为困难。

这正应了那句话，理想很美好，但现实很残酷。这条路不通，换一条路我们可以继续走。方法总比问题多。

于是科学家们换了一个思路，能否将根瘤菌移植到作物体内呢？这个想法有一定的基础，因为在土壤中，大部分植物与菌根真菌有着共生关系。真菌为植物提供水和磷元素，同时换取碳水化合物。一些研究表明“植物—菌根真菌”与“豆科—根瘤菌”背后的分子有着异曲同工之妙，后者似乎是在前者的基础上特定进化而来的。这个想法实现的可能性更大一些，科学家们正在

想办法使作物结瘤从而达到自给自足的目的。

思考的闸门一旦打开，就如同滔滔江水源源不绝。除了将固氮过程或根瘤菌移入植物以外，科学家们还想到一种方法，就是改造作物体内的“原住民”——内生菌。这个主意不错，有些内生菌本就可以与植物联合固氮，只是固氮和释放氨的效率较低，那就可以想办法去提高它们的效率。还有一些内生菌，可以设法将固氮过程的基因移入其内部，就会让细菌具备固氮的本领。这个办法听起来似乎更容易实现“共生”。

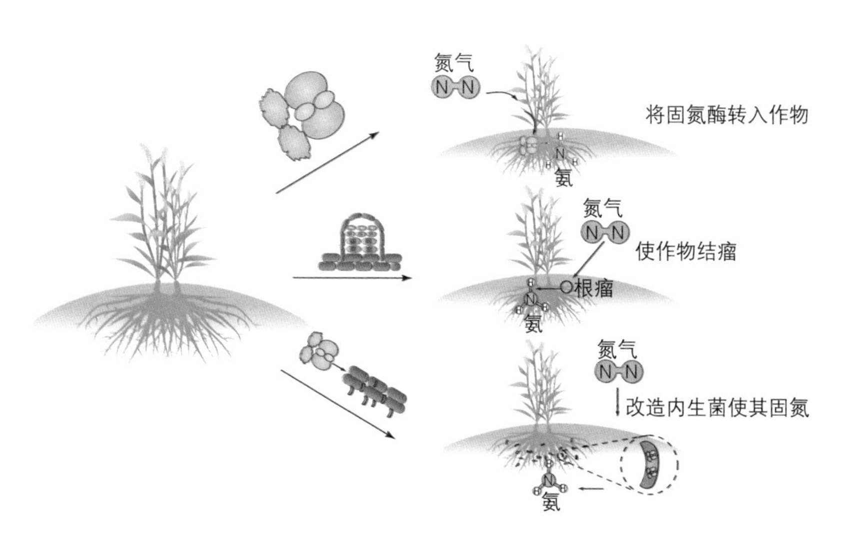

作物固氮的三个思路（图片来源：钱景美绘制）

与“植物—细菌”相比，“细菌—细菌”的基因转移要容易得多，况且，内生菌本就与作物有一定的关系，稍加改造便能帮助植物高效固氮。人类在这方面已经取得了可喜的成绩。麻省理工学院的研究团队针对内生菌的这一特点，改造了谷类和玉米的内生菌，通过加入固氮基因簇使其表达固氮活性从而为植物提供氮源。

微生物的世界神秘而丰富，科学家们一直在孜孜不倦地研究。他们时常会打破微生物物种的边界，对微生物进行改造，将一种微生物的功能转移至别的微生物中。比如对作物的内生菌进行改造就是十分成功的例子，赋予内生菌以固氮菌的功能，这是目前最可行的实现作物固氮的方法。

微生物与护肤品：你的美丽，我来守护

微生物的种类不计其数，有些我们闻所未闻，却已经存在上万年了。比如蓝细菌，难道这是一种蓝色的细菌吗？不是的，蓝细菌即蓝藻，是一种原核微生物，可以进行光合作用并产生氧气，是地球上最古老的“居民”之一。

蓝细菌对生存环境并不挑剔，有人的地方就有蓝细菌，没有人的地方也会有蓝细菌，甚至在一些极端恶劣的环境中也会有蓝细菌的存在，比如热泉的高温环境、盐碱地的高盐环境等。能在这些环境中生存下去，蓝细菌必定有它的过人之处。的确，蓝细菌拥有一件件令人惊喜的、功能各异的“法宝”。

蓝细菌所拥有的“法宝”中不乏对人类也十分有用的物质。比如蓝细菌用来抵抗高盐环境的“法宝”，由于其特殊的性质，被人类发掘出来用于制作保湿类的化妆品，可以给皮肤补充水分；蓝细菌用来抵抗紫外线的“法宝”，成为人类防晒霜的必需成分。接下来让我们走进蓝细菌的世界，好好了解一下它的“法宝”吧！

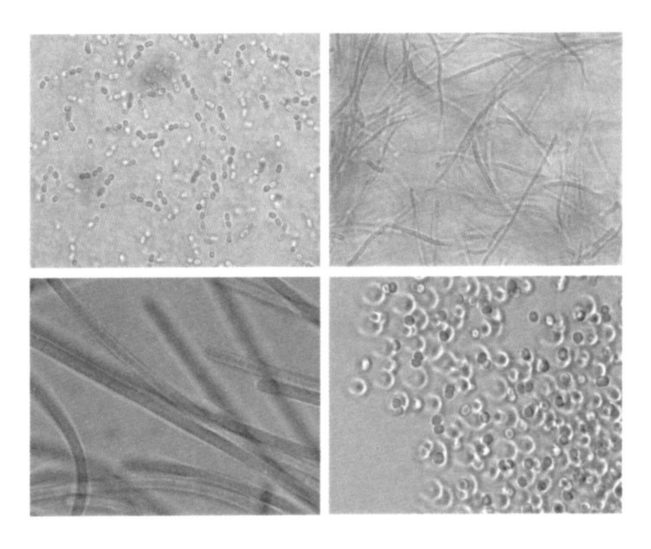

显微镜下的部分蓝细菌（图片来源：谢玉曼拍摄）

法宝一：保湿功能

我们来做一个实验，如果用一块挡板将水杯分为左右两部分，两边分别倒入清水和饱和盐溶液，你猜这时会发生什么呢？清水和饱和盐溶液会在杯子里互不干涉，共同存在。但是，如果你将挡板换成一块半透膜，什么是半透膜？就是只允许离子和小分子通过的一层薄膜，比如我们的细胞膜，它就是一种半透膜，那情况就会大不一样了。你会发现两边的液体在逐渐融合，最后形成一杯不饱和盐溶液，这就是渗透作用所导致的。

什么是渗透作用呢？简单来说，就是水分子会从低浓度溶液流入高浓度溶液，直至达到动态平衡。而阻止这种渗透作用发生所需要的压强就是渗透压，主要与钠离子和氯离子等无机盐的含量有关。

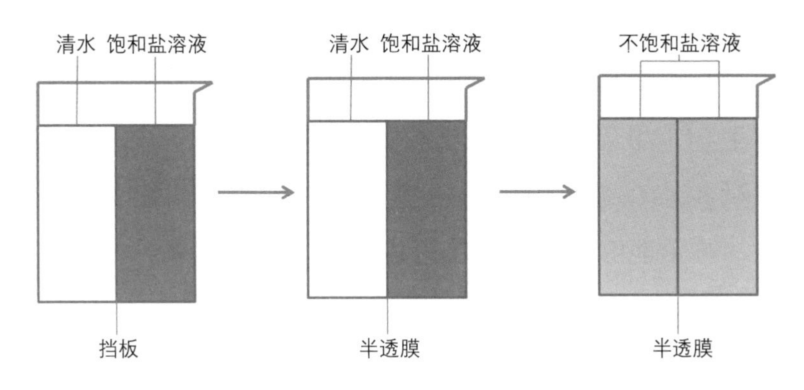

渗透作用（图片来源：谢玉曼绘制）

蓝细菌通常生活在水中，江河湖海都是它们的栖息地。当外界水环境中的盐浓度远远高于蓝细菌体内的浓度时，环境中的渗透压就会急速升高，蓝细菌体内的水分很容易因为渗透作用而流失。水是生命之源，一旦蓝细菌细胞体内的水分都流入外环境，它们也就离死不远了。

然而蓝细菌绝不会束手就擒，它们清楚地知道，要想在高盐的水环境中生存，就必须想办法提高自身的渗透压，使得细胞内外环境中的渗透压保持平衡。一方面可以通过钠离子和氯离子的主动输出，来减少过量离子的侵害并维持离子平衡；另一方面，蓝细菌会在胞内积累一些相容性物质。

那什么是相容性物质呢？就是一些细胞为了抵抗高盐环境所合成的小分子物质，包括糖类（蔗糖、海藻糖）、多元醇（甘油、山梨醇）、糖苷类（甘油葡糖苷、甘油半乳糖苷）、氨基酸（谷氨酸、脯氨酸）及氨基酸衍生物（甜菜碱、四氢嘧啶）。它们能溶于水中，还能大量积累在细胞内，不会影响细胞代谢等其他生命活动，甚至能够帮助维持细胞内外的渗透压平衡，从而抵抗外界强压的威胁。

不得不说，蓝细菌适应环境的能力确实很强。值得一提的是，蓝细菌拥有功能各异的多种“法宝”，它不是靠着一个长处“行走江湖”。在含盐量不同的水域，蓝细菌会针对不同的环境使用不同的“法宝”。在盐湖等盐浓度较高的环境中，蓝细菌用来保命的“法宝”就是产生甘油葡糖苷，维持体内的渗透压从而阻止胞内水分流失。

一些保湿的护肤品利用的就是蓝细菌这个特性。护肤品生产者向护肤品中加入甘油葡糖苷，能有效防止皮肤水分流失，从而起到保湿的作用：一方面，甘油葡糖苷可以维持肌肤状态稳定；另一方面，甘油葡糖苷的锁水力几乎可以与透明质酸平分秋色，不仅保湿，而且分

子量更小，渗透力和吸收力也更强。

你以为甘油葡糖苷只有保湿功能吗？不，甘油葡糖苷还可以作为大分子稳定剂，抑制细菌和真菌的生长，用于蛋白药物等的长期保存；也可以用在保健品中，具有降血糖、减肥、治疗过敏性呼吸系统疾病等功能。在一些日本传统发酵食品（如清酒、味噌）中，人们也发现了含有活性成分的甘油葡糖苷。

这一切都要归功于蓝细菌，科学家首先在聚球藻PCC 7002中发现了甘油葡糖苷，之后又在其他的蓝细菌中也发现了甘油葡糖苷，尤其是螺旋藻，螺旋藻不仅能够大规模生产甘油葡糖苷，其本身也是一种可以食用的蓝细菌，含有丰富的蛋白质、脂肪酸和微量元素，具有非常高的营养价值。

螺旋藻如今是蓝细菌中的“明星菌种”，因为高产甘油葡糖苷而受到人们的青睐，目前已成为大规模生产甘油葡糖苷的菌株。

低盐环境中的蓝细菌会产生什么相容性物质呢？是海藻糖。在恶劣的条件下，海藻糖能在细胞表面形成独特的保护膜，减少水分的流失。人们把其添加到化妆品里，化妆品就有了防止皮肤受损的功效，许多的保湿面膜中就添加了这种成分，看来蓝细菌要成为女士们的最爱了。

除此之外，海藻糖也属于一种天然糖，糖分只有蔗糖的一半。海藻糖被提炼出来后可以作为食品添加剂使用，可以防止食品腐化、保持食品新鲜风味、提升食品品质，也可以作为天然食用糖做成甜品，是糖尿病患者的福音。

法宝二：防晒功能

紫外线的杀伤力不用多说，紫外线会使人的皮肤受到损伤，并产生灼痛感、色素沉着、胶原蛋白和弹性蛋白变性等。对细菌也一样，紫外线会让细菌的 DNA 发生断裂，使细菌死亡。可以说，紫外线对微生物的破坏是致命的。

作为地球上古老的原核微生物，为了让自己生存下去，蓝细菌通过不断地进化，形成了多种抗紫外线合成的机制，包括避免紫外线辐射，修复 DNA，以及产生光保护化合物来保护细胞。蓝细菌的生存能力真的很让人佩服，这种能力既保护了自己，也造福了人类。光保护化合物就是蓝细菌抗击紫外线的“法宝”，也是它送给人类的“礼物”。在炎热的夏季，面对太阳的暴晒，我们不得不涂抹防晒霜来抵御强烈的紫外线对皮肤的伤害，而蓝细菌所能生产的两种光保护化合物类菌孢素氨基酸和伪枝藻素，就可以被添加到防晒霜中，从而起到防晒的作用。

类菌孢素氨基酸是一类水溶性化合物，目前已经发现至少有 33 种，它们的吸收峰在 310—360 纳米之间，覆盖了两种最重要的紫外线 UV-A 和 UV-B 的波长，能将吸收的紫外线辐射以无害热量的形式散发出去，而不会产生活性氧。

活性氧是一种对细胞有害的化学物质，是在光合作用和呼吸作用中产生的，能够破坏蛋白质、DNA 等生物大分子。

那伪枝藻素又有什么作用呢？伪枝藻素就更厉害了，它是一种诱导型色素，仅在一些蓝细菌的胞外多糖鞘中存在。它是一种天然的光保护剂，可以吸收高强度的太阳光辐射和有害的紫外线辐射，参与了光合作用的碳固定，在光保护和基因组维护方面具有巨大的潜力。

类菌孢素氨基酸和伪枝藻素的结合让防晒效果非常突出。这两种化合物有很大的潜力被广泛应用于药妆、生物技术和生物以及其他相关的制造业中。这两种化合物制成的防晒用品不仅防晒效果好而且特别环保。

微生物对人类的作用不容小觑，工农医几乎各行各业都能看到它们的身影。有的女士很关心，是不是只有蓝细菌能够应用到化妆品生产中呢？这些功能并不是蓝细菌独有的，许多微生物体内都有海藻糖的积累，而珊瑚、地衣、真菌、绿藻、红藻中也都有类菌孢素氨基酸的存在。

微生物与半导体材料：会创造“超级微生物”吗？

在电影里，我们常常看到一些拥有超级能力的超级英雄。超级英雄是怎么诞生的呢？钢铁侠告诉你：电磁石心脏 + 钢铁盔甲。超级战士是怎么诞生的呢？俄罗斯人告诉你：军用外骨骼。听起来似乎有些不可思议，但他们早在 2015 年就尝试配发装备有第二代外骨骼的单兵作战系统了，该系统可有效分担士兵身上大约 95%的负荷。

人类是血肉之躯，在面对外界威胁时难免显得过于单薄。当人类对自己的能力不太满意，想要突破潜力的边界时，就会萌发各种大胆的想象，利用各种外界的材料来辅助自己，使自己变得更强大。微生物也是一样，我们可以通过对微生物进行遗传操作赋予它们新的能力，还可以给它们配备比较另类的“装备”，比如半导体。这些新奇的想法会实现吗？微生物和半导体组合能够产生什么样的火花呢？

热醋穆尔氏菌和硫化镉

太阳是目前所知的最大能量来源，很久以前人类并不会人工捕获太阳能，人类主动捕获太阳能加以利用的时间并不长。直到近几十年，各种太阳能的利用科技突飞猛进，主要是通过无机的固态材料和生物的光合作用系统。固态半导体光吸收器的捕光效率通常要高于光合生物的捕光效率。

光合生物的捕光效率虽然不高，但是优点在于能将电能转化为稳定的化学能。光合生物能将二氧化碳固定成多碳化合物，在这个过程中，把收集到的能量贮存到多碳化合物的化学键中。

一个效率高，另一个稳定性好，可以把它们结合一下吗？如果把半导体光吸收器高效的捕光性能与固碳生物优秀的能量转化及储存能力整合，形成一种“超级微生物”，这种“超级微生物”就可以捕获更多的能量了。那么问题就来了：究竟该选择哪种半导体材料和哪种固碳的微生物结合呢？

目前，从自然界发现的固定二氧化碳的途径有6种，我们最熟悉的是光合作用中的“卡尔文循环”。从固碳的角度来看，卡尔文循环虽然固定了大气中大部分的二氧化碳，但其中直接固定二氧化碳的酶的催化效率仅为每秒 2—5 个二氧化碳分子，所以它的固碳和能量储存效率其实并不高。从能效的角度看，对于生长在热带和温带的粮食作物而言，其量子效率一般不超过 1%，即使是在反应器中培养的藻类也仅为 3%左右。

在这场选择固碳途径的热动力学比赛中，一种叫作 Wood–Ljungdahl 的固碳途径脱颖而出，其因为在固碳方面所具有的能量优势而打败了其他“选手”。在将二氧化碳固定成丙酮酸的过程中，Wood–Ljungdahl 的固碳途径只需要 1 个 ATP 和 5 个还原力［还原力是一类能够作为生物能量载体传递电子的化合物或者蛋白的统称，常见的包括 NADH（烟酰胺腺嘌呤二核苷酸）、NADPH（烟酰胺腺嘌呤二核苷酸磷酸）、FMN（黄素单核苷酸）和 FAD（黄素腺嘌呤二核苷酸）］，与卡尔文循环需要 7 个 ATP 和 5 个还原力相比，实力明显胜出。

Wood–Ljungdahl 固碳途径可以先将二氧化碳转化成乙酰辅酶 A，再转化成乙酸排出体外，而这两种化合物均可以被微生物升级成经济价值更高的化合物。物尽其用说的就是它吧！那这个可以将它升级的微生物是谁呢？它就是热醋穆尔氏菌。这种微生物能够将一种半导体材料硫化镉沉积到自己的表面，这样一来，固碳和捕光的对象就都有了，把它们组合起来也就是顺理成章的事了。

那热醋穆尔氏菌和半导体材料硫化镉具体是怎样

结合的呢？我们在培养热醋穆尔氏菌的时候添加半胱氨酸，作为硫源，等到它生长状态比较好的时候将镉离子以硝酸镉的形式加入培养基，这时形成的硫化镉纳米粒子便会附着到热醋穆尔氏菌的表面，两者形成一个共生体。

这个共生体就可以开始利用光了。硫化镉将从太阳光那里吸收的能量转化成电子，这些电子又能促进还原力的形成，还原力的形成又会使得二氧化碳经由 Wood-Ljungdahl 途径转化成乙酸，再进一步转化成热醋穆尔氏菌生长所需的各种物质。

科学家观察了这种共生体的生长情况，发现这种附着硫化镉的热醋穆尔氏菌能够继续繁殖，并将所固定的二氧化碳中的 10%用来长身体，其余 90%基本全部转化为乙酸。

硫化镉还能保护热醋穆尔氏菌。如果把硫化镉移除，让热醋穆尔氏菌独自在光照的条件下生长，一天之后基本就全部死掉了。

未来，科学家的目标是，一方面找出更加廉价的原料来替代半胱氨酸来形成硫化镉，拓展可沉淀到细菌表面的半导体材料的种类；另一方面则需要借助合成生物学的手段对热醋穆尔氏菌进行改造，希望能在菌内实现将乙酸升级成其他高值化合物的过程。

酿酒酵母和磷化铟

在现代生物化工行业，微生物是生产各种化学品的“细胞工厂”，酿酒酵母和大肠杆菌是这个领域真正的“超级巨星”和“生产力担当”，如果能为它们找到合适的半导体材料，那么对人类产生的实际收益可能更大。

在了解科学家对这个过程的探索之前，我们首先需要去了解生物体内复杂的代谢网络。简单地说，代谢分为合成代谢和分解代谢。合成代谢是将相对比较简单的代谢物转化为细胞大分子的过程，这个过程需要能量 ATP 和还原力；而分解代谢是将细胞内的含能营养物转化成几种基本化合物的过程，这个过程会为细胞提供能量和还原力。

酿酒酵母可以产生燃料、药物、生物材料等化合物，与磷化铟结合能够产生更多的莽草酸，莽草酸是一些药物和精细化学品通用的前体化合物。莽草酸算是合成代谢途径中的一个化合物，它的合成需要还原力，而细胞体内的还原力主要是通过戊糖磷酸途径（PPP 途径）供应的。

这个 PPP 途径是什么东西呢？具体是做什么的呢？PPP 途径在细胞内主要有两个作用，一个作用是提供合成代谢所需的还原力，另一个作用是在代谢途径中产生不同数目碳原子的化合物，为体内各种生物分子的合成提供前体，起到了一个承上启下的作用。这个途径虽然用处很大，但是有一个缺点，它每运转一次产生还原力

的同时会释放出一个二氧化碳分子，这就造成了碳的损失，导致最终可以转化成莽草酸的碳源减少。

实在有点可惜，如何才能不浪费那些碳源呢？我们前面说到半导体材料能将光能转化成电子，进而被微生物转化成还原力。如果能以半导体加光能替代 PPP 途径，为莽草酸的合成提供还原力，是不是就能保留住碳源了呢？由于磷化铟能够吸收大部分的太阳能谱，与氧共存时比较稳定，而且具有良好的生物相容性，因而被科学家选中。

这个想象是可以实现的，让我们一起来看一看。科学家先将磷化铟纳米颗粒和多酚组装起来，之后借助多酚与细胞壁的相互作用将磷化铟组装到酿酒酵母细胞表面。测试结果显示，表面组装的这层半导体材料使得酿酒酵母消耗葡萄糖的能力减弱了，但是莽草酸的产率却有所提升。这完全可以证明，利用磷化铟的光电转化能力是提供还原力的有效手段，只是这个过程还需要完善，还需要我们不断地去实验，让每一个步骤都尽善尽美。

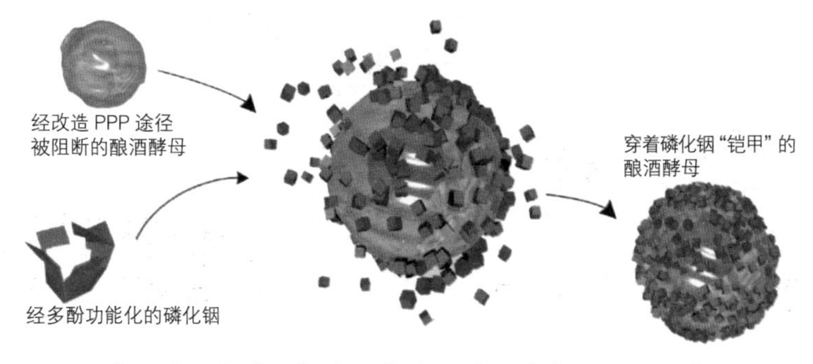

酿酒酵母和磷化铟的组装过程（图片来源：翻译自 Junling Guo et al.,2018, *Science*）

微生物与蜘蛛丝：意想不到的跨界合作

提到蜘蛛丝，你想到了什么呢？盘丝洞里吐丝的女妖精，电影里借助蜘蛛丝在街道楼宇间自由穿梭的蜘蛛侠……在享受视觉盛宴的同时，你是否惊叹过电影里纤细的蜘蛛丝为何有如此强大的威力，可以让蜘蛛侠飞檐走壁，来去自如，甚至可以将一辆失控的地铁拉停呢？

电影里拥有强大能力的蜘蛛侠

当然，电影有夸张的成分在里面，然而真正的蜘蛛丝也并非脆弱得不堪一击。那么，拖在蜘蛛尾巴后面的牵引丝到底有什么功能呢？其实，它被称为“蜘蛛生命线”，拥有极其优良的力学性能，这下你知道它的重要性了吧！

蜘蛛丝的“跨界”生产

蜘蛛丝不起眼，但其中的蛛丝蛋白应用范围却十分广泛，在纺织、医疗、军事防护以及航空航天等领域都有巨大的应用前景。那么，要多少只蜘蛛才可以满足我们如此大量的蜘蛛丝需求呢？别想了，蜘蛛的天然吐丝量极少，是远远无法满足人类需求的。

有人提出，我们可以像养蚕收集蚕丝一样，大规模地饲养蜘蛛收集蜘蛛丝啊！答案是不可行。因为蜘蛛天性好斗，它们会为了争夺地盘大打出手，所以很难大规模饲养。这也不行，那也不行，到底要怎么办呢？

别着急啊，蜘蛛丝是一种天然动物蛋白纤维，是由基因所编码的。既然蜘蛛不能满足人类的生产需求，聪明的科学家们想到了另一个方法，尝试打破物种边界，探索其他可以生产蜘蛛丝的方式。

可不要小瞧蜘蛛丝，它的应用范围很广泛

首先，他们对蜘蛛丝合成涉及的基因进行研究，成功获得了蜘蛛丝蛋白的基因组成，随后利用生物技术将合成蜘蛛丝涉及的基因转入不同的细胞、微生物以及动植物体内，开始了“跨界”生产蜘蛛丝的研究。

经过研究，科学家们曾建立了一个个“微型工厂”，利用仓鼠的肾细胞、牛的乳腺上皮细胞等哺乳动物细胞作为生产蛛丝蛋白的基地。由于转基因技术的不断成熟，科学家们也曾开发出可以生产蛛丝蛋白的转基因动物（如山羊）、转基因植物（如土豆、番茄等）。

科学家成功地从转基因山羊的羊奶中、转基因植物

的茎叶中提取到了蛛丝蛋白。除此之外，科学家还巧妙地将蛛丝蛋白的基因转入蚕卵中，实现了“蚕吐蛛丝”的奇妙应用。

经过试验，“跨界”合成相应的蛛丝蛋白似乎成功了，但仍然存在许多问题，比如蛛丝蛋白的产量较低、提取方式复杂、蛋白不可溶等；而且利用转基因动植物获得蛛丝，生产周期太长，不利于后续的工业化利用。

种种限制让这种技术很难推广，这时候科学家又找上了我们的老朋友“微生物”，它们也果真不负重托，凭借着繁殖速度快、培养简单的优势脱颖而出，为科学家们进行蛛丝蛋白的合成“献计献策”。

利用微生物合成蜘蛛丝

20 世纪 90 年代，微生物被作为表达宿主用于蛛丝蛋白的合成。随着科学家们的深入研究和改造，目前的微生物，比如大肠杆菌和酵母菌等，已经广泛应用于蛛丝蛋白合成的实验研究中，并逐渐应用于工业生产中。

利用微生物合成蛛丝蛋白，实质上就是用生物技术的手段将蛛丝蛋白编码基因转入微生物体内，此时的细菌或酵母菌摇身一变，成了生产蛛丝蛋白的“合成工厂”，它们会利用自身的蛋白合成工具来生产蛛丝蛋白。

拥有这样的“合成工厂”就可以大规模生产蛛丝蛋白了吗？似乎有一点困难，由于天然蛛丝蛋白基因数量比较大，微生物“合成工厂”日夜赶工，实在不堪重负，繁重的工作给微生物造成了很大的代谢负担。因此，“合成工厂”运行初期，很难合成接近天然蛛丝蛋白分子量的蛛丝蛋白，产量也很低。

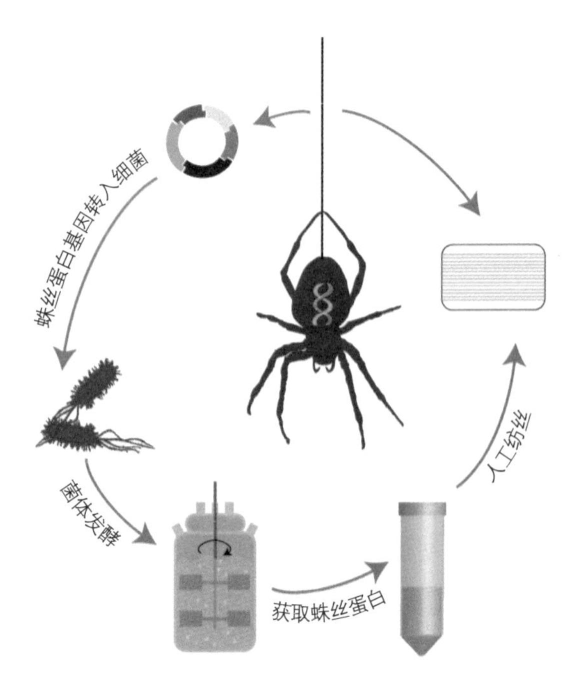

大肠杆菌“跨界”合成蛛丝蛋白

为了不让微生物负重前行，科学家们开始对微生物进行代谢改造，提升它们的能力。根据蛛丝蛋白的氨基酸特点，将微生物体内合成相应氨基酸的能力提高，使微生物“合成工厂”更加有效地合成蛛丝蛋白，从而大大提高了蛋白产量。

这还不够，再结合相应的发酵培养体系，很快，在实验室条件下，仅仅 1—2 天的生产周期，科学家就获得了 500—2700 毫克 / 升的蛛丝蛋白，并进行后续的人工仿生纺丝，制备出具有一定力学性能的人造蜘蛛丝纤维。

蜘蛛丝的广泛应用

在生物界，蜘蛛丝有“生物钢”的美誉，在相同直径、长度的条件下，蜘蛛丝的强度可以与钢媲美。同时，蜘蛛丝还具有高强度、高弹性、高韧性的优点，质地极轻，能够耐受高至 200 ℃、低至 -60 ℃的极端温度。所以，电影中的蜘蛛侠也并非没有一点科学依据。由于蜘蛛丝具备如此非凡的性能，因此被看作世界上最坚韧的天然材料之一，成为科学家们的“宠儿”，是业界研究的热点。

在传统纺织领域，蜘蛛丝已经崭露头角。目前，日本的 Spiber 公司、德国慕尼黑的 AMSilk 公司都在利用微生物合成蛛丝蛋白，并将其用于工业化纺织中。Spiber 公司与 The North Face 品牌合作，利用人造蜘蛛丝制作了一种冲锋衣；AMSilk 公司同阿迪达斯品牌合作，打造了世界首款人造蜘蛛丝跑鞋——比一般跑鞋的质量要轻 15%。

如果仅仅制成传统的衣服和鞋子，那可就大材小用了。蜘蛛丝还可用于制造防弹衣、太空服以及降落伞等对强度、韧性要求很高的特殊装备。

生产这么多蜘蛛丝，剩余的材料难道不会造成环境污染吗？不用担心，蜘蛛丝属于一种蛋白质材料，可实现生物降解，降解产物为氨基酸，对人体无害。蜘蛛丝的开发前景还不只如此，你以为蛛丝蛋白除了可以用于制造成丝纤维以外的薄膜、水凝胶等材料，就没有别的用处了吗？那你可真是小瞧了它，它还可以用于人造皮肤、人造肌腱、可降解手术缝合线等，在生物医学领域它有着更广阔的发展空间。

随着科学技术的发展以及学科交叉的融合，科学家们也力求对蜘蛛丝材料进行深入改造，希望可以通过与其他材料的结合来进一步扩宽蜘蛛丝的功能应用范围。

微生物与角鲨烯：拯救海洋动物“大作战”

浩瀚无边的海洋，神秘莫测，各种各样的海洋生物组成了一个生机勃勃的海洋世界。海底世界美不胜收、迷人又危险，其又具有丰富的海底资源，是科学家们想要迫切探索的地方，吸引着人们，使人们心向往之。

在人类的能力范围内，有些海洋生物被做成美味佳肴，有些海洋生物本身蕴含一些高附加值的具有生物活性的化合物，可做成营养保健品或制成特殊的生物功能材料。人们将这些“宝贝”从海洋生物中提取出来并加以利用，短期内或许会给人类带来巨大的经济利益，但从长远发展看，海洋将会遭到重创。

首先，海洋已经污染严重，很多需要从海洋生物那里获得的化合物都受到重金属污染物的污染，质量低下；其次，想从海洋生物那里获得化合物，就必须大量地捕捞和杀害海洋生物，这就对海洋生态环境造成了极大的破坏。

鱼和熊掌不能兼得，但是我们可以利用微生物来取代海洋生物进行化合物生产。之前别的领域也有过很多成功的例子，我们就以角鲨烯的生产为例，为大家分享如何利用微生物取代鲨鱼进行角鲨烯生产。

拯救鲨鱼，“升级换代”角鲨烯

鱼油想必大家都不陌生，作为一种保健品，它具有抗肿瘤、缓解疲劳、增强机体免疫能力、延缓衰老等功能，它的主要成分就是角鲨烯。角鲨烯（三十碳六烯）十分珍贵，是在深海鲨鱼肝油中发现的一种不饱和烃类化合物，能在机体内与氧结合生成氧合角鲨烯，提高缺氧耐受力。我们的皮脂里也含有一定量的角鲨烯，皮肤自身才具有保湿润滑的作用。

角鲨烯主要来源于鲨鱼的肝脏，价格自然十分昂贵。然而有了买卖就有了杀害，为了获得珍贵的鱼翅、角鲨烯等，获取高额利润，一些不法分子对鲨鱼进行大规模捕杀。

不要以为捕杀的仅仅是作为一条国家二级保护动物的鲨鱼，要知道，鲨鱼处于海洋生物链的顶端，如果有一天鲨鱼突然消失，其他海洋生物没有了天敌的控制，便会大量吞噬海洋中的浮游生物（海洋浮游生物是地球上氧气供应的重要来源），这不仅会使海洋生态系统遭到严重破坏，而

且也会使地球上的氧气减少，最终危害到人类自身的生存。

然而角烯鲨确实对人类有很大的帮助，如何解决这个难题呢？本着保护动物、保护环境的理念，科学家们开始寻找生产角鲨烯的替代源。角鲨烯广泛存在于动物、植物和微生物中，于是，科学家们又一次找到了微生物。

微生物虽然形体微小，结构简单，却蕴藏着无尽宝藏，而且它的生长速度十分快，培养简单，不受环境因素的影响。自然界中许多微生物天生具有合成角鲨烯的能力，如圆孢酵母、破囊壶菌、类酵母菌等。某些蓝细菌也可高效积累角鲨烯。

每种微生物体内吸收的营养物质不同，经过不同的合成途径，生产出来的产品也多种多样。微生物摄入营养物质，又分泌出别的物质，这个过程要经历很多途径，就像错综复杂的管道。而对于角鲨烯“天然生产者”的改造就相当于重新规划管道网中的部分管道，让微生物摄入的物质尽可能地流向角鲨烯。

放过鲨鱼，另辟源头

有一些微生物具有生产角鲨烯的功能，但是过程很复杂，大面积投入使用有难度。除了依靠微生物本身的能力，可不可以通过现代生物技术赋予微生物生产角鲨烯的功能，打破固有的物种界限，让它为人类服务呢？

在生物科学技术快速发展的今天，这个是可以实现的，而且已经有了很多成功的例子。比如我们之前说过的大肠杆菌，它可是微生物世界的“超级巨星”之一，科学家对它的个性已经了解得很清楚了，改造起来也比较得心应手。大肠杆菌中不含角鲨烯合成的完整途径，但具有角鲨烯合成前体物质的合成途径，所以备受科学家青睐。

前面说过把不生产角鲨烯的微生物打造成角鲨烯生产平台，相当于在微生物体内搭建一些以前不存在的管道。将两种不同来源的角鲨烯合成酶在大肠杆菌中进行异源表达，也就是在大肠杆菌基因组中添加一些来自其他生物的角鲨烯合成基因，成功实现角鲨烯的积累，这是利用基因工程菌株生产角鲨烯的重大突破。

如果你觉得很难理解，可以把这种对微生物的改造想象成我们电脑文件中的“复制”“粘贴”功能，即把一个生物所具有的功能基因粘贴到另一个生物中，从而让另一个生物具有它原本不具备的能力。

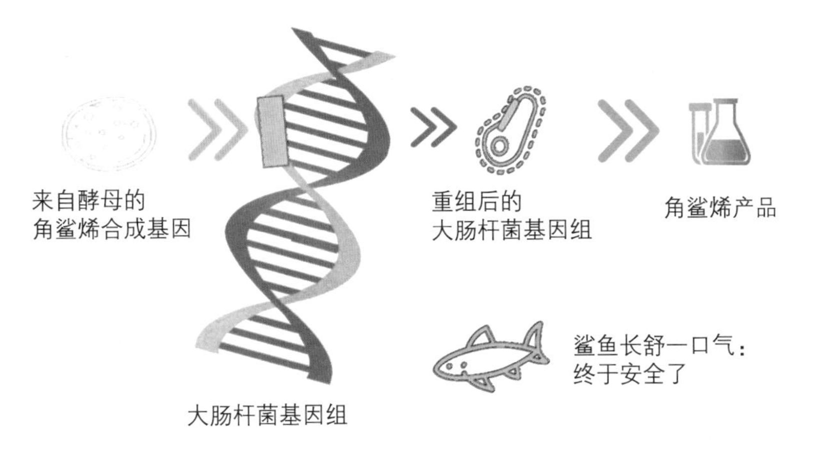

基因异源表达赋予宿主新的功能（图片来源：孙佳慧绘制）

既有优势，又有挑战

从鲨鱼中提取角鲨烯，既破坏海洋生态环境，更因为海洋的污染而让角鲨烯纯度不高。综合考虑，科学家们选择对改造过的微生物进行发酵培养，经过分离、提取、纯化等工艺最终获得了角鲨烯。

微生物处于食物链的底端，生产的角鲨烯较为安全、纯度高、无重金属残留。同时，利用微生物生产角鲨烯，也能够避免对深海鲨鱼的过度捕捞，保护海洋生态平衡。一举两得的事情，就这样被微生物轻松搞定了！

目前，以微生物作为宿主生产角鲨烯仍存在一些不足，例如，发酵工艺需改进、生长代谢调控存在技术困难、工业化生产经验不足等。但是，这并不影响其后续的发展，微生物发酵的优点是别的生物不可比拟的，比如它的可再生性较强、成本降低的潜力较大。因此，利用微生物生产角鲨烯对于我们有着重要的社会与经济价值。

目前，利用微生物生产海洋生物产品已取得一定成效。除角鲨烯外，像虾青素、抗菌肽和被誉为“脑黄金”的长链多不饱和脂肪酸——DHA 等，均可以利用不同的微生物进行生产。

“研究人员的心有多大，微生物的舞台就有多大。”我们不能把微生物禁锢在它们自身的“功能圈”内，而要不停地探寻，不断拓宽微生物功能的边界。

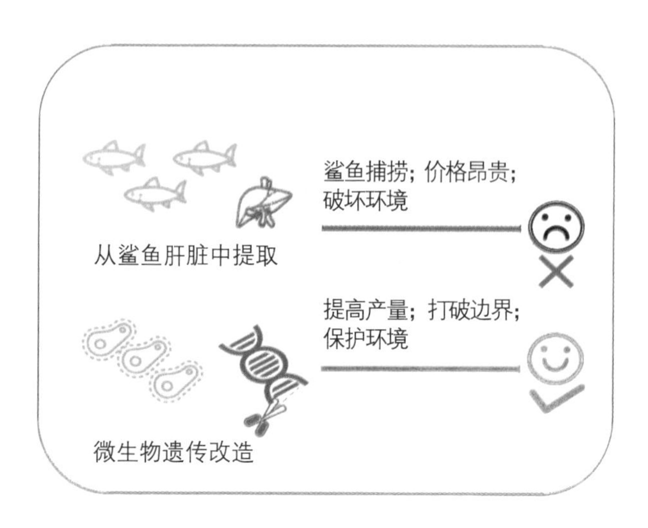

角鲨烯生产来源对比（图片来源：孙佳慧绘制）

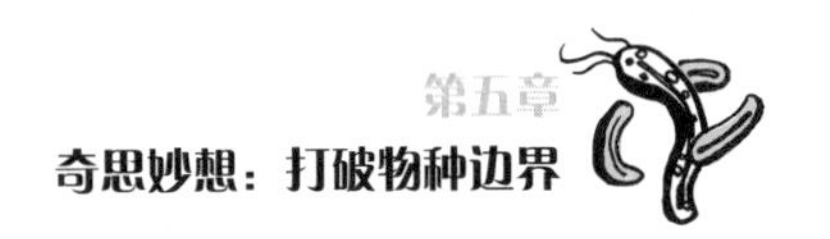

微生物与青蒿素：一场完美的碰撞

20 世纪 40 年代，正值战争动乱的年代，死伤遍地，疾病横行。这时可怕的疟疾出现了，它通过蚊虫叮咬快速蔓延，肆意折磨着饱受疾苦的人民，它的致死率约为 1%，当时的中国每年至少有 3000 万疟疾患者。于是，研发治疗疟疾的特效药刻不容缓。

1967 年，中国启动国家疟疾防治研究项目“523”，1969 年，屠呦呦以科研组长的身份加入该项目，开始了联合研发抗疟新药的征程。在经历无数次失败之后，屠呦呦科研组找到了一种治疟“神药”——青蒿素。

青蒿素：中草药献给世界的礼物

中国是中草药的发源地，目前中国约有 12000 种药用植物，中草药在中医预防、治疗疾病的过程中发挥了重要作用。屠呦呦先从 2000 多种中草药中选择了 640 种可能有效的成分进行研究，并对包括青蒿提取物在内的380多种提取物进行测试，然而初期结果并不令人满意，青蒿提取物对疟疾的抑制率只有60%—80%。

后来，屠呦呦从《肘后备急方》中受到启发，改用低沸点的乙醚进行低温提取，再用碱溶液去除酸性从而得到青蒿中性提取物，这种提取物对鼠疟抑制率高达100%。屠呦呦也因此获得了2015年的诺贝尔生理学或医学奖。

青蒿素的主要来源是黄花蒿，黄花蒿为一年生草本植物，生长周期长达8个月。黄花蒿中的青蒿素含量极低，仅有干燥黄花蒿质量的0.01%—1%，即使产量最高的时候也只能达到150千克/亩，并不能满足人们对青蒿素的需求，而且海拔、光照、降水、采摘时间等都可以影响青蒿素的产量。

随着DNA测序、DNA重组、大片段克隆、基因整合等生物技术的发展，人们对微生物的了解逐渐加深。微生物不但自身可以产生一些具有抑菌效果的次级代谢产物，还可以作为“细胞工厂”生产本不能生产的药物或前体。

作为“细胞工厂”，微生物具有独特的优势。它们的生长周期要比植物短很多。例如，大肠杆菌20分钟繁殖一代，酿酒酵母1.5—2小时繁殖一代。因此，在当时青蒿素短缺的情况下，利用微生物生产青蒿素就成为一种迫切的需求。

小小的青蒿有着大大的作用

青蒿素的微生物合成探索

如此多的微生物，谁会成为“细胞工厂”的首选呢？首推大肠杆菌，它的优势在于生长周期短，遗传背景简单。选好了“细胞工厂”，科学家便开始了利用微生物生产青蒿素的艰难过程。

1. 大肠杆菌与青蒿素

加州大学伯克利分校的杰伊教授课题组首先提出了利用微生物半合成青蒿素项目。他们首先利用大肠杆菌作为“细胞工厂”，将黄花蒿中负责合成青蒿素前体——青蒿酸的紫穗槐二烯的基因进行异源表达，但产量过低。大肠杆菌作为一种原核生物，不能为青蒿素前体合成提供充足的底物，于是科学家们想办法将底物与前体合成的基因共同转到大肠杆菌中进行表达。

紫穗槐二烯在大肠杆菌中的产量达到 125 毫克 / 升，但远远不够，科学家们预期的目标产量是 25 克 / 升，这个数据相差甚远。科学家们的精神永远值得我们学习，他们没有放弃，继续进行实验，一次又一次，后续他们又通过密码子优化、发酵工艺优化等策略，最终实现了在大肠杆菌中紫穗槐二烯产量达到 25 克 / 升的目标。这是最早的利用合成生物学的案例之一。

这值得我们欢呼，不仅仅为科研成果，更是为这些坚持不懈的科学家们。

2. 酿酒酵母与青蒿素

经过不懈的研究，科学家们实现了在大肠杆菌中紫穗槐二烯产量达到 25 克 / 升的目标。但是这个过程过于复杂，如果能够利用微生物直接生产青蒿素前体——青蒿酸，简化青蒿素的生产工艺，就能降低生产成本，进而可以大范围推广实施。

如果想将紫穗槐二烯氧化成青蒿酸，涉及一个关键的“角色”——P450 氧化酶。考虑到真核生物的 P450 氧化酶很难在原核生物中表达，于是科学家们选取酿酒酵母作为底盘细胞，将 P450 氧化酶进行异源表达，并且第一次在酿酒酵母中实现了青蒿酸的生产。初期产量并不高，在经过一系列生产工艺的优化、添加底物后，最终在酿酒酵母中实现了青蒿酸产量达到 2.5 克 / 升的目标。

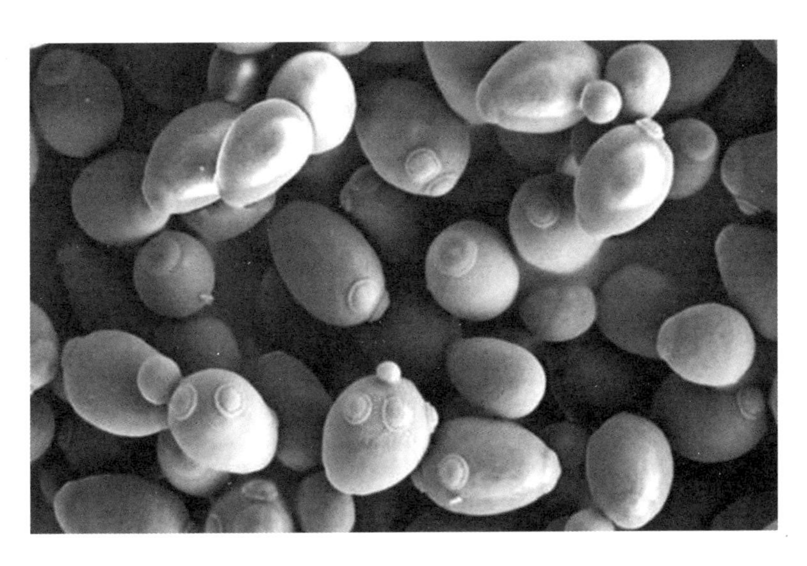

电子显微镜下的酿酒酵母（图片来源：维基百科）

不要高兴得太早，在提高青蒿酸产量的过程中，科学家们又碰到了一个棘手的问题——产生了副产物青蒿醛，这是一种有毒的氧化中间体。根据化学转变原理，醛可以在醛脱氢酶的作用下，转变成酸。当在酿酒酵母中表达青蒿醛脱氢酶之后，青蒿醛转变成青蒿酸，使得青蒿酸在酿酒酵母中的产量达到 25 克 / 升。

虽然科研的道路不是一帆风顺的，但正是这些科学家们坚持不懈地付出，我们的国家才能有进步，感谢那些在前进道路上一直为科学付出的人们。

第六章

CHAPTER 06

炫酷运用：微生物与人类的未来

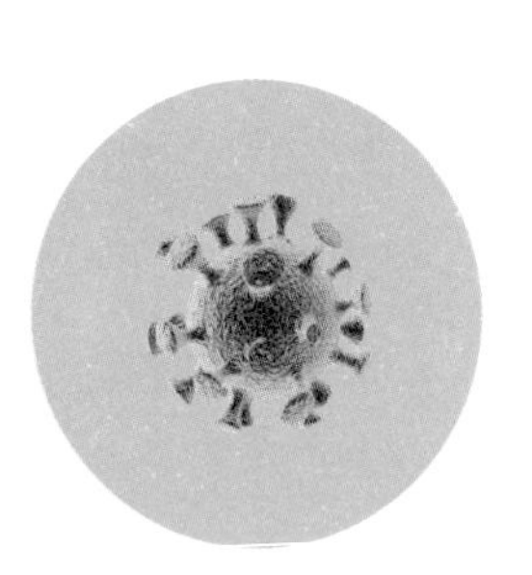

蓝细菌——“火星拓荒者”

迄今为止，地球已经存在了约46亿年之久。经过漫长的进化，大约在几百万年前，地球上才出现了最原始的人类；而在20万年前，人类才成为真正意义上的高等动物开始在地球上繁衍生息，创造了光辉灿烂的文明。随着社会的不断进步、人口的不断增长、科技的不断发展，人们的生活越来越便捷，人们的欲望也越来越膨胀，这些欲望的背后就是不断发展的经济，人类为了欲望迷失了自己，让地球环境面临前所未有的危机：资源枯竭、气候变化、环境污染、生态破坏……

回顾地球演化过程中的5次生物大灭绝事件，人类未来仍有可能面临宇宙射线爆发、小行星撞击等足以毁灭地球上大多数生命的重大威胁。

面对越来越恶劣的地球环境，聪明的人类也没有坐以待毙。一部分人把目光转向了别的星球，其中以埃隆·马斯克为代表的有识之士把目光投向了火星。经过一番研究和考察，他们认为火星是太阳系内除地球之外最适合人类居住的行星，如果人类真的需要移民，首先考虑的地点就应该是火星。埃隆·马斯克一直在致力于让人类成为跨行星物种，让人类文明在地球之外得到“备份”。这个过程也许还需要漫长的几百年甚至几千年，未来的世界究竟会朝着什么方向发展，还是一个未知数。

埃隆·马斯克构想的火星城市（图片来源：SpaceX）

蓝细菌与火星

你知道火星名字的由来吗？火星是一个寒冷的红色荒漠，远看呈现红荧荧的颜色，因而得名。自20世纪60年代以来，人类向火星发射了超过40枚空间探测器，对火星进行了详细的科学探测。火星表面温度为-140—30℃，平均温度为-60℃。

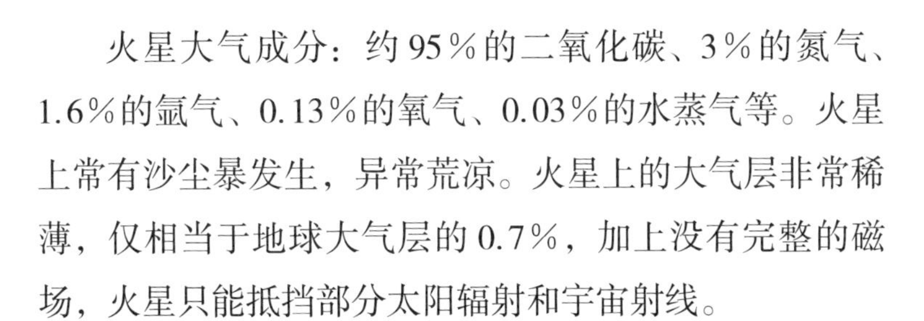

火星大气成分：约95%的二氧化碳、3%的氮气、1.6%的氩气、0.13%的氧气、0.03%的水蒸气等。火星上常有沙尘暴发生，异常荒凉。火星上的大气层非常稀薄，仅相当于地球大气层的0.7%，加上没有完整的磁场，火星只能抵挡部分太阳辐射和宇宙射线。

火星表面没有稳定的液态水，只有间歇流动的液态盐水，但风化层中含有丰富的水分。火星两极存在大量的水冰，令人不可思议的是，在火星冰盖之下，人类居然发现了一个直径20千米的冰下湖。火星风化层中含有丰富的二氧化硅、三氧化二铁、三氧化二铝、氧化镁以及氧化钙等矿物质。

从以上种种看来，人类要想移民到火星，短期内是不可能的，火星上没有任何生命。虽然生物系统能够有效地利用各种自然资源，但是大多数植物和微生物都无法直接利用火星现有的资源。那是否能从地球上运送一些物资来维持生物的生长代谢呢？这个不太可能实现，因为成本实在太高了。

那蓝细菌又和火星有哪些关系呢？蓝细菌属于光能自养微生物，在地球进化过程中出现的时间较早。地球从35亿年前的无氧环境转变为有氧环境，蓝细菌发挥了重要的作用。据不完全估算，蓝细菌至少贡献了地球上氧气年产量的30%。

所以，人类又想用蓝细菌去开发火星了吗？蓝细菌的确很厉害，不仅能进行光合作用，还具有固氮和氢代谢等功能，这样的多功能你知道意味着什么吗？说明蓝细菌是少数几种可以进行多途径转换太阳能的生物，并且能够全面参与碳、氢、氧、氮四大元素的循环，在物质循环和能量代谢过程中扮演着重要的角色。这样看来，如果人类想开发火星，蓝细菌的帮助必不可少。

蓝细菌具有极强的环境适应能力，能够适应极地、盐湖、荒漠等地区的极端恶劣环境。在火星上，蓝细菌不仅能获得生长所需的阳光、水和二氧化碳，而且火星风化层中含有的各种营养元素也恰好是蓝细菌生长所需要的。如此一来，蓝细菌就可以直接用于氧气、食品、燃料、药品和材料的生产。

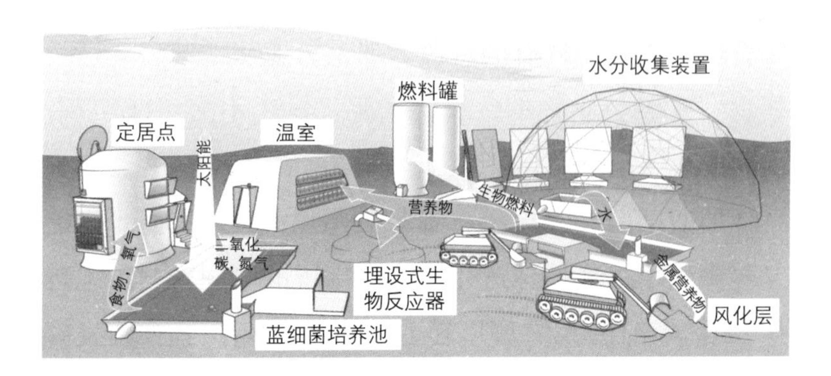

基于蓝细菌的火星生命维持系统（图片来源：International Journal of Astrobiology, 15.）

蓝细菌能为移民火星做什么？

1. 氧气

氧气是人类生存的根本，人类断氧后只能存活2—3分钟。目前，各种航天器主要是通过电解水来供氧。我们知道火星的大气层非常稀薄，氧气只占火星大气的0.13%，火星的氧气分压只相当于地球的1/20000。在这样稀薄的空气条件下，人类不可能生存。

所以，我们要想在火星上生存，必须先解决火星上氧气的问题。这要从两个方面考虑：如果我们想利用火星现有的资源生产氧气，可以考虑采用物理化学方法处理风化层冻土和水冰得到液态水，再通过电解水制氧；或者直接通过物理化学方法解离二氧化碳得到氧气，但是这个方法耗时耗力。

还有一种办法是借助蓝细菌的能力。蓝细菌可以利用太阳能通过光合作用光解水生成氧气。这和物理化学方法比起来，能耗更低。不仅如此，蓝细菌光合放氧的效率要远高于植物。不得不说，有了蓝细菌的助力，是可以让氧气的制造多一种可能的方案。而且在光合反应器中，控制优化培养温度、补料速率、细胞浓度和光照强度可以进一步提高蓝细菌光合放氧的效率。

2. 食品

解决了生存环境问题，该如何生活下去也是需要考虑的问题。毕竟民以食为天，我们到火星上吃什么？靠什么维持自身的能量？蓝细菌再次在利用火星资源生产食品方面大显身手。这家伙真是无所不能，螺旋藻、发菜（发状念珠藻）、地木耳（普通念珠藻）和葛仙米（拟球状念珠藻）都是传统的可食用的蓝细菌。

人们根据饮食习惯和口味，将蓝细菌经过简单的加工后添加到其他食品中，让其更加美味。经过遗传改造的蓝细菌还可以合成和分泌蔗糖、葡萄糖和果糖等碳水化合物。下面让我们来好好了解一下这些神奇的食物吧！

螺旋藻其实我们并不陌生，由于营养丰富，含有蛋白质、脂肪酸、维生素、色素以及矿物质，并且蛋白质含量可达干重的50%—70%，在世界各地被广泛培养，已经被人们用作膳食补充剂。

发菜富含蛋白质、钙、铁等矿物质，耐寒冷、干旱，抗辐射的能力很强。它一般生存在沙漠和贫瘠的土壤中，简直就是荒地的“拯救者”！

地木耳和发菜一样，富含蛋白质和维生素，耐寒冷、干旱，广泛分布于世界各地，就连岩石和砂土中都有它们的一席之地，在地球的南极仍能发现它们的身

影，果真是生命力顽强！

火星距离地球最近也约有 5500 万千米，从地球到火星要飞行 100—300 天。发菜与地木耳经过充分干燥脱水后可长期保存，又不占地方，特别适合存贮在航天器中，不会增加航天器负荷的质量和体积。需要的时候用水使干燥后的发菜与地木耳复苏，又可以重新生长。

发菜及地木耳都属于念珠藻，具有固氮能力，到达火星以后，可以固定火星大气层中的氮气，为风化层提供天然氮肥。它们是怎么做到的呢？下面我们就来探索它们神奇的能力。

蓝细菌利用太阳能和火星上的水分，吸收风化层中的磷、硫、镁、铁等各种营养元素，固定火星大气中的二氧化碳和氮气，生成可供异养微生物和植物利用的各种底物。

蓝细菌拥有如此强大的生存能力，在地球上与火星类似的荒漠地区都能看到各种各样的蓝细菌。蓝细菌不仅能食用，具鞘微鞘藻等蓝细菌也能在荒漠地区严酷（干旱、强辐射、温度剧烈变化以及高盐碱）的环境下生长繁殖，通过分泌胞外多糖和施加机械束缚力形成生物结皮，用于防沙、治沙，促进荒漠地区的生态修复。真是了不得，这又为人类定居火星提供了一个策略，让梦想又前进了一步。

3. 燃料

想要前往火星，必须乘坐宇宙飞船，其中航天推进剂是关键。根据航天推进剂的衡量标准，从综合性能考虑，液态甲烷比液态氢更具有优势。氢气与二氧化碳在高温、高压条件下发生反应，可生成甲烷和水。火星大气层中有丰富的二氧化碳，二氧化碳分压为地球的17.6 倍。

氢气通过电解水可以得到，蓝细菌也可以产生氢气，蓝细菌好像无所不能啊！蓝细菌主要是通过固氮酶和氢化酶产生氢气，而且相比电解水制氢能耗更低。在这方面，具有固氮能力的念珠藻和鱼腥藻就可以发挥它们的优势。

4. 材料

在外界条件充足的情况下，蓝细菌可以合成或生成各种物质，就像一个魔术师，那么在营养匮乏的条件下，蓝细菌是不是就无能为力了呢?

当然不是，蓝细菌还能合成聚羟基丁酸酯等聚羟基烷酸酯，作为细胞内的能量和碳源储藏物质。聚羟基烷酸酯被认为是目前最有前途的生物基材料之一，最大的优点是具有生物可降解性。

5. 其他应用

除了以上几种情况，蓝细菌还可以合成类菌孢素氨基酸、藻蓝蛋白等抗辐射、抗氧化的化合物以及对乙酰氨基酚等药物。

在“本职工作”中，蓝细菌贡献突出；作为“跨界小能手”，蓝细菌也不甘示弱，它可用于人类活动产生的有机废物和废水的回收利用。蓝细菌如此全能，人类通过合成生物学等手段又对蓝细菌进行改造，把帮助人类完成火星拓荒的光荣使命赋予它们。让我们一起来期待它们未来的表现吧。

未来建筑材料

“我家的房子是用木头盖的。”哇！好浪漫的小木屋啊！

“我家的房子是用砖头建的。”那一定牢固而美观。

“我家的房子是用‘细菌’盖的。”不会吧，怎么可能呢？

你听说过木头房子，也听说过砖瓦房，但是未来人类也许会用蓝藻来盖房子，这个说法是不是刷新了你的认知呢？不仅可用蓝藻盖房子，还可能使用芽孢杆菌建造高楼……听起来是不是很“黑科技”呢？你一定不敢相信这是真的，但事实上，利用微生物制造建筑材料已经有了初步实现的可能性。

微生物竟然是混凝土制造工

目前世界上使用量最大的人工土木建筑材料是混凝土。混凝土主要是由水泥、砂石和水按适当比例配制，再经过一定时间硬化而成的复合材料。在此过程中，水

泥起到了非常重要的黏结作用。

现在，出现了一种叫作生物混凝土的材料，它和传统的混凝土有什么区别呢？它的名字前面加了“生物”一词，难道像生物一样还能生长不成？答案是肯定的，它确实能生长，而且一接触空气就可以生长。

那么如何得到生物混凝土呢？其实就是在传统的混凝土的基础上，把部分或全部的水泥换成微生物和它的碳源及能源物质。

详细的制作过程是先将生物混凝土铺一层，一旦生物混凝土中的微生物接触到空气，它们就会被“唤醒”，微生物生长后将砂石固化，接着铺下一层，如此循环往复，直到得到理想尺寸的建筑材料。

微生物也具有像水泥一样的黏结功能，能够将松散的砂石固定，难道它们的“身体”也有黏性吗？当然不是。其实，将砂石固定起来的填缝物质是碳酸钙，碳酸钙有方解石、霰石晶体和球霰石三种同质异构体，也正是形成的这三种晶体紧紧地将建筑裂缝填满。

碳酸钙是如何形成的呢？在这个过程中微生物功不可没，我们将这个过程称为微生物矿化，事实上就是一个微生物产生矿物的过程。这个过程能够使微生物周围的基质变硬。

相比于传统的混凝土，生物混凝土主要有两个优点，下面我们一一来介绍。

一是环保。当前全世界仅制造水泥所排放的二氧化碳就占人类活动碳排量的6%，如果未来能以光合微生物大规模制造生物混凝土，那么这个数值将会降低，并且一系列环境问题都将会得到缓解。

二是坚固。据美国交通部估算，美国每年仅基础设施的修复工作产生的费用高达5000多亿美元，其中就包括建筑裂缝的修补费用。而微生物混凝土的制造商宣称，目前的生物混凝土修复裂缝的上限是0.8毫米，尽管还比较小，但是从实际效果来看，降低了裂缝继续扩大的可能性。

方解石和霰石晶体

生物混凝土除了可用在民用领域，也可用在军事领域。据美国《大众机械》杂志介绍，美国空军正在寻找能够使飞机跑道变平坦的坚硬的新材料，一个“智囊团”给出的“美杜莎”方案，正是借助微生物的力量来修建跑道。

制造生物混凝土的“工匠” 

前面说过，碳酸钙能将砂石固定起来，而形成碳酸钙沉淀主要需要三个条件，即足够的碳酸根离子、钙离子以及适合两者发生反应的条件。那么哪种微生物可以用来诱导碳酸钙沉积，制造生物混凝土呢？主要分为两类，分别为自养型微生物和异养型微生物。

自养型微生物，包括蓝细菌和微藻。二氧化碳是它们的主要食物之一。生活在水里的它们在“吃了”二氧化碳之后，经过一系列连锁反应，在水中能溶解更多的碳酸根离子，也就更有利于沉淀的形成。

异养型微生物，包括一些芽孢杆菌、节杆菌以及红球菌。它们的食物主要是一些有机酸盐（如乙酸、乳酸、柠檬酸、琥珀酸、草酸、苹果酸和乙醛酸）。同样的道理，它们“吃”这些东西的同时会促进碳酸根离子的产生，最终也能间接地促进沉淀的形成。

这两种微生物诱导碳酸钙沉积的形式差不多，但并不是所有的微生物都有这个能力。微生物诱导碳酸钙沉淀，事实上更多的是微生物间接地创造了一个更容易形成碳酸钙的条件。我们未来的任务是要寻找可以产生更多碳酸根离子的微生物，借助它们的力量来诱导形成碳酸钙，为人类的美好生活“出力”。

合成生物学：再创生命

在漫长的历史中，人类一直在尝试对生物进行改造和利用。人类早期改造生物的一个典型例子是狗的驯化。现在我们所看到的各种形态的狗，在生物学分类上属于同一个物种，它们五花八门的形态特征和功能特点，是在人类有意识的选育之下形成的。

但是，这样的生物改造是停留在表面的——因为以前人们并不清楚，决定生物各种特性的基本因素和信息到底是什么，只能凭借感觉和经验进行选育，这实际上是一种简单摸索。

科学家在了解生命系统的运转方式之后，有了更加明确改造生物的设想：是不是可以把决定相应功能的基因加入待改造的生物体基因组上，使生物体获得相应的功能呢？

在这样的思路下，科学家开始了对生物的“基因工程”改造。基因工程典型的例子是人胰岛素的微生物合成。在早期，人们只能用回收自屠宰场的牲畜胰脏提取动物胰岛素，并将其用于糖尿病的治疗。这种源自动物的胰岛素不仅药效有限、品质不稳定，而且有很大的安全隐患。

20 世纪 70 年代，美国 Genentech 公司通过将编码的人胰岛素基因转入大肠杆菌中，成功研发出了用微生物生产人胰岛素的工艺。用细菌直接合成人胰岛素，不仅产量高、产品品质稳定，而且产品药效可靠，用药安全性也得到了保障。

合成生物学的力量

基因工程促发了改造生命的浪潮。但是，仅仅把相应的功能基因转入目标生物，不仅生物体被改造的程度和所获功能的复杂性都很有限，而且这些新功能无法与天然的提供功能基因的生物系统自身能够实现的功能相比。

大肠杆菌细菌能够感受周围环境中的化学成分，向食物所在的方向游动；枯草芽孢杆菌在感受到生存环境变得恶劣后，能够启动细胞内的一套特定程序，最终形成孢子，继而扛过恶劣的环境；生活在刺尾鱼身体表面的单细胞藻类，能够合成分子结构极其复杂的刺尾鱼毒素。毕竟，这些功能并非简单依靠一两个基因就能实现的，而是由至少几十个基因，在复杂的“指令”引导下实现相应功能。人类在面对如此复杂的生物系统，应该如何对其进行改造和利用呢?

在解决这一问题之前，我们先来想一个问题：目前世界上最复杂的人造系统是什么?没错，是电子工程系统。如果我们将一台计算机拆开，将用来运算的零件，例如 CPU（中央处理器）、内存层层拆分，我们会发现，构成这些能够执行复杂运算功能的零件的，是一个个基本的电子元件——电容、电阻、导线、开关等。如果我们拥有足够的元件，又有一张图纸告诉我们应该怎么样把这些元件组装起来，那么理论上我们可以组装出一台具有运算能力的计算机。以同样的思路，如果我们把天然生物系统进行层层拆分，就不难发现与基本电子元件对应的生物的“基因元件”，即每个具有特定功能的基因。如果我们能够以这些基因元件为材料，又有“设计图纸”作为指导，那是不是就可以用基因元件组装搭建出具有不同功能的生物系统，甚至创造全新的生物系统呢?

21 世纪初，合成生物学应运而生。合成生物学是一个多学科交叉的研究领域，它主要专注于两个方面：一是对自然界中不存在的生物元件或者生物系统的设计、开发和组装；二是对于现有生物系统的重新设计或创造。

要完成组装新生物系统这个设想，需具备两个基本条件：一是要有足够的种类多样功能各异的基因元件，为此许多合成生物学家正在从天然生物系统中分离、“加工制造”更多的基因元件；二是我们需要对生命系统的“设计原则”有足够深入的认识和理解。人类之所以能制造复杂的电子系统，是因为人对电学的研究让人们对电子系统的设计原则有了足够彻底的了解。比如两个电阻串联后，其总阻值等于两个电阻的阻值之和。如果两个基因元件组装，它们会产生什么样的功能和效果呢？其中有没有一般规律可循？这正是合成生物学家需要关注的问题。

经过多年的发展，现在合成生物学家们已经能够在天然生物中构建新的细胞基因网络，并以多种形式对细胞进行“重新编程”，他们取得的很多成果已经展现了非常巨大的应用潜力。比如科学家可以以病毒的调控基因为核心元件，在细菌内构建了一组“计时器”程序——这些细菌每隔一段时间就进行一次细胞裂解，释放合成的抗癌药物。再比如，科学家将能够侵染细菌的噬菌体病毒进行改造，用可以产生化学荧光信号的基因替换掉噬菌体杀死细菌的基因，借由噬菌体可以特异性地侵染特定细菌的特性，开发出能够检测特定病原体细菌的检测工具。又比如，科学家将植物分解油脂的相关基因程序转入微生物基因序列，使获得的新型微生物可用于可降解生物塑料的生产。

合成生物学的出现和发展，让人类改造生物系统的方式达到了一个全新的高度和层次，现阶段合成生物学所展现的潜力也足以让我们畅想改造生命得以实现的无数种可能。

再创生命

毫无疑问，随着科学研究不断的推进及积累，利用合成生物学的理念和方法改造生命体的能力还会不断迈入一个又一个新的阶段，而迈入新阶段的标志则是赋予现有生命体越来越复杂的功能，甚至创造出全新的生命体的能力。

从头创造出全新的生命体是检验合成生物学发展程度的终极目标，也是一个在目前还有些遥远的目标。千里之行，始于足下，即使不能创造一个全新的生命体，但从头复制一个现有的生命体对于未来创造新的生命体也能积累宝贵的经验。而在这个方面生物学家目前已经做出了一些令人欣喜的突破，接下来就让我们一起去看看，一个生命体在科学家手中诞生的全过程吧！

基因组是一个生物体或者组成生物体的单个细胞内，所有遗传物质的总和。它在细胞核中高度折叠，就像物种的一张身份证，本质上决定了一个生物体包括生长、衰老、记忆等一切生命现象。

理论上创造一个生命仅需三步：第一步，获得这个生物体的基因组序列；第二步，合成它的基因组；第三步，给予基因组合适的环境，来唤醒它绽放为生命的能力。而这些理论上的步骤如何一步步实现呢？

1. 获取基因组序列

获取基因组序列的技术，最著名的要数 1975 年由桑格教授发明的双脱氧链终止法（也称桑格测序）。这种方法基于 DNA 复制过程的原理，巧妙地设计了四种能够参与 DNA 复制过程，且让这个过程停止的核苷酸原料，最终能让我们捕捉到 DNA 合成各个阶段不同长度的形态，再经过其他技术的辅助就能清楚地知道待测序基因的序列。这项巧妙的技术不仅开辟了 DNA 测序的道路，也让桑格教授第二次获得了诺贝尔化学奖。

时至今日，随着研究人员了解不同物种基因组信息需求和好奇心的不断增长，专注于发展测序的技术的科学家又开发并完善了一些新的测序技术，最终导致的结果是现有测序在测序长度、速度上都有显著的提高，测序成本也不断降低。

现在我们可以一次测得约 1 万个碱基长度的序列，相当于原先技术的 10 倍。当初六个国家的科学家们共同花费 10 年时间才完成人类历史上的第一个人类基因组草图，总计花费 27 亿美元，现在已经降低到数百美元的价格。在华大基因搭建的 BGI Online（华大基因在线）平台上仅需 15 分钟就可以获得一个人的全基因组信息。

基因组测序的研究不仅为人工合成生命提供了蓝本，也有助于我们了解物种自身。以人类为例，一个人是否具有遗传病、对于哪些疾病易感，以及后代的一些性状，都可以在他的基因组序列中得到答案。以此为依据，我们可以制定更精准的"个性化医疗"服务，推动医学实现划时代的发展。

2. 人工合成基因组

当我们已知一个生命体的基因组序列后，就可以合成它了。

我们可以将基因组最基本的组成想象为四类分别名为 A、T、C、G 的形状各异的积木，它们可以组合起来形成一个个建筑。不同的建筑搭建起风格不一的建筑群，而每一个建筑群可以被视作一个基因组，它决定了一个物种的所有特征。科学家人工合成基因组的过程就类似根据已有建筑群信息，将一个个零散的积木复原成相同的建筑群的过程。

现在科学家们已经可以将多达1200万个积木块搭建起来了。而在这漫长的搭积木过程中，我们也发现很多建筑发挥着一些必不可少的功能，而一些建筑是多余的。那么我们是不是可以将那些有功能的建筑留下来，而删去那些冗余的建筑呢?

因此我们现在也希望通过适当的设计与改造，去有针对性地改造物种的基因组，希望以此来解决能源、环境污染、疫苗研发、疾病治疗等方面的问题。

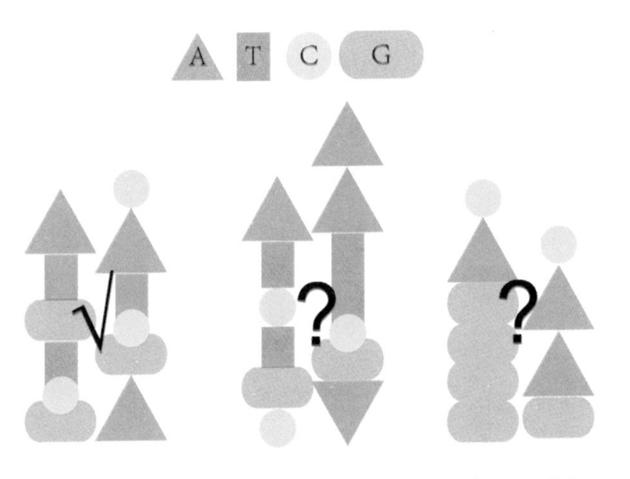

基因组合成想象示意图（图片来源：杨炜钐制作）

3.“唤醒”基因组

在合成基因组之后，我们相当于拥有创造一个生命体的潜力，而让这些潜力发挥出来还差最后一步，那就是“唤醒”基因组。

怎样唤醒基因组呢？最直接的方法是模仿自然界，提供它所需的所有物质基础。但现在我们还不能做到把这个过程完整地复刻出来，因此我们采取的是折衷的做法，即用天然的细胞来提供它所需的所有物质基础。

第一个唤醒由人工所合成基因组的是生命科学领域的传奇人物，“人造生命之父”—克雷格·文特尔教授，他和他的团队创造了世界上首个人工合成基因组细胞——辛西娅（Synthia，意为新生儿）。辛西娅的基因组是以蕈状支原体基因组为模板（约为100万个碱基对）合成的，随后Venter教授团队将合成的基因组转移到一个去除细胞核的天然山羊支原体受体细胞中，让细胞中的物质唤醒辛西娅基因组中的信息。在经历多次失败后，最终他们在培养皿中得到了能够正常生长、繁殖的生命体。

值得一提的是，在“辛西娅”的基因组信息中有4条包含46名科学家的名字与所在研究所信息和邮箱地址等内容的水印。未来的你如果感兴趣，不妨试着去解锁这些水印。

创造生命的步伐还在迈进，文特尔的实验室在辛西娅的基础上更进一步，合成了仅有约辛西娅原来基因组一半大小，却能维持生命基本功能的辛西娅3.0版。当然，辛西娅的基因组还有很多奥秘值得探索，这也为我们对生命基本功能的理解，乃至寻找生命的起源提供了一些方向。也许辛西娅的4.0、5.0版离我们不远了。

看到这里，相信你对如何创造一个生命以及科学家们为此做了哪些努力已经有了一定了解。不过，科学技术是一把“双刃剑”，创造生命同样有风险。作为一名科研人员，无论是出于道德伦理还是法律的约束，我们都坚决抵制任何科研不端行为与科研不当行为。我们希望的是，更好用这把剑劈开生命的迷雾——小到一个基因的作用，大到生命从何而来，又将怎么发展；同时通过对基因组的设计与改造，应对现有的困难与未来的挑战，从而造福人类，造福自然。在这条路上，我们一直没有停下脚步。也许在未来，合成生命只是一个初级阶段，而我也期待着你们的奇思妙想，用画笔描绘出多彩的未来。

后记

予取予求，百利而无一害是人类在利用微生物力量时的美好愿望，但当我们真正尝试着借助它们的力量解决人类所面临的问题时，更多的是福祸相依的例子。最后，向你们分享微生物在帮人类解决问题的同时，也带来一些威胁的一个故事，希望你们在想象如何驾驭微生物的同时，也要考虑如何防止微生物的力量对人类反噬。

根据世界卫生组织的估计，全世界有50多亿人在遭遇中等或者严重疼痛时会面临或多或少的止疼药缺乏问题。阿片类药物是一种来源于罂粟（植物）能用于镇痛和止咳的药物，为了满足正当的医疗和科研需求，全世界每年有将近10万公顷的土地被用来种植罂粟，这些罂粟可生产出800多吨阿片类药物。

种植罂粟生产阿片类药物所面临的问题，和其他用植物来生产的药物所面临的问题是一样的，药品供应量的多少需要看天的“脸色”，具有很强的不确定性。为了解决这种不确定性，就像解决青蒿素的供应困境一样，科学家同样把注意力放到了酿酒酵母身上。

科学家对酵母菌寄予的厚望是以 5 克 / 升的产率来产阿片类药物，达到这个水平的酵母菌，大约 5 毫升的酵母菌在生长几天后所产生的药物就够治疗患者一次疼痛的量了，但用罂粟产生同样量的药物的话，则需要种植面积 0.2 平方米且生长期 1 年的罂粟。如果能达到这个期望，那么利用微生物产阿片类药物和利用植物产阿片类药物在经济性上就可以竞争了。

2015 年，来自斯坦福大学的一位年轻的科学家克里斯蒂娜教授带领团队花了 10 年时间，精心挑选了 20 多个来源于植物、哺乳动物、细菌以及酵母菌本身的基因，将它们转移到酵母菌体内，最终在酵母菌体内重构出阿片类药物的合成途径，这个经过改造的酵母菌可以直接将吃进去的糖转化成阿片类化合物，尽管产率跟科学家设定的目标还有不小的距离，但突破了从无到有的重要一步，未来达到科学家期望的水平是值得期待的。

这是一个很好的故事，一个来自顶尖大学的年轻人经过艰苦卓绝的努力最终利用微生物的力量给遭受疼痛困扰的人带来希望，杰出的工作被同行广泛认可和传播，带来了良好的学术声誉，她本人也借此入选业界最权威的杂志之一《自然》所评选的年度十大人物。

不过，光芒的另一面还有阴影。虽然阿片类药物对患者有镇痛和止咳的作用，但长期过量使用会导致高度的心理依赖和生理依赖，并且会对身体造成一系列的负面影响，严重时还会造成死亡。

根据世界卫生组织2014年的数据，全球每年约有6.9万人死于阿片类药物过量使用，阿片类药物成瘾的有1500多万人。美国是其中的重灾区，美国疾控中心的数据显示，仅在2017年，就有超过7万人死于药物的过度使用，其中68%跟过度使用阿片类药物有关，且此数据还在持续上升

在药物供应不足的情况下，有些国家药物滥用的后果已经很严重了，我们不妨想象一下，如果未来在技术上能够利用微生物大批量且稳定地提供阿片类药物，那么当前药物滥用的情况会不会更严峻，又会不会有更多人因此而失去生命呢？

微生物对人类社会有利有弊，那么在面对它们时，什么样的态度是正确的态度呢？要回答这个问题，首先需要明确无论是用酵母菌生产阿片类药物还是其他具有两面性的生物技术都是客观的存在，微生物本身没有思想，不会想着去救人，也不会想着伤害人类，它们会对人类产生什么样的后果，最终还是取决于由什么样的人来驾驭它们的力量，人类这个过程中起到的关键作用不应该被忽视。

我们对待微生物，正确的态度是扬长避短，让它们对人类有潜力的一面尽可能地发挥，如果它们的威胁是我们不能承受之重，那么就尽全力控制这种威胁出现的可能性，当人类开始控制自己所拥有的能力时，可做的

空间也很大。

对于阿片类化合物这样对人类有两面性的化合物而言，政府严格的控制公众对这类化合物接触的渠道，积极的宣传这类化合物可能对人造成的伤害，在法律层面上明确应用于非医学用途的惩罚措施都是能够规避它们所带来负面效应的具体举措。

希望你们在看完本书后，记住这样一个道理："探索微生物的世界，利用微生物的力量对于人类而言很重要，但其实控制人类不滥用微生物的力量也同样重要！"

最后，感谢中国科学院科学传播局，以及广东人民出版社能够提供这样一个组织并编写一本科普书籍的机会，感谢参与撰写本书的所有作者，我的经历和视野因为遇见你们而更加丰富和宽广。感谢"科学大院"在图库方面提供的支持，特别感谢张文韬为全书所有文章所提供的修改建议，也感谢我的导师吕雪峰研究员对于科普工作的重视以及在本书形成过程中所提供的支持。

扫描二维码，获取本书参考文献

知识拓展

分子遗传学：是在分子水平上对生物遗传和变异进行研究的遗传学分支学科。经典遗传学是在亲代和子代之间研究基因是如何传递的，与经典遗传学不同之处在于，分子遗传学则是在分子水平上研究基因的结构和功能。

pH 值：也称氢离子浓度指数或酸碱值，用于定量地描述溶液中氢离子浓度或者酸碱性的一种参数，pH 值越小，酸性越强，pH 值越大，碱性越强。pH 等于 7 的溶液为中性溶液，低于 7 为酸性溶液，高于 7 则为碱性溶液。

ATP：三磷酸腺苷（adenosine triphosphate）英文的缩写，所有生物体内传递能量的“通货”，水解成 ADP 和磷酸基团时释放能量。人体每天一般要分解相当于自身体重的 ATP，但人体中 ATP 的总量大约只有 51 克，所以每个 ATP 分子每天要被重复利用 1000—1500 次。人体内的 ATP 不能被存储，是因为 ATP 合成后在短时间内被消耗了。

感受态细胞：指经过一系列物理化学方法处理后，

细胞膜通透性增大的细胞，这种状态的细胞更容易吸收外源的DNA，便于研究人员向细胞中转入外源DNA，改造宿主。

伽马辐射： γ射线，又称γ粒子流，是一种原子核射线，穿透力强且对细胞有杀伤力，医疗上可用来治疗肿瘤。工业上可用γ射线来探伤或进行流水线的自动控制。γ射线首先由法国科学家P.V.维拉德发现，是继α射线、β射线后发现的第三种原子核射线。γ射线较常应用在核武器中，与其他核武器相比，γ射线的能量更大且穿透能力极强，高能量的γ射线对人体的破坏作用相当大，当辐射剂量为1000—1500雷姆（1雷姆=0.01希）时，人体肠胃系统将遭破坏，导致腹泻、发烧、内分泌失调，在两周内死亡概率几乎为100%。

热泉： 泉温高于45℃而又低于当地地表水沸点的地下水露头。一般有海底热泉和陆地热泉。海底热泉是由地壳运动造成的，当地壳分离造成海底裂缝时，海水会从这些缝隙渗入地壳，被炽热的岩浆烧得滚烫，加热后的海水回流又可以从小缝隙中涌出，就这样形成了海底热泉。海底热泉一般分布在地壳张裂或薄弱的地方，如大洋中脊的裂谷和海底火山附近。大西洋的大洋中脊裂谷底，其热泉水温度最高可达到400℃。陆地热泉在我国内蒙古自治区的赤峰市有3处，克旗热泉出口水温为 87 ℃，宁城热泉出口水温为 96 ℃，敖汉热泉出口水温为 66 ℃，均含有放射性气体和其他化学元素、微量元素，医疗价值高，开发潜力大。

微藻：一种泛称，一般指微小的、肉眼看不见的藻类，包括一些具有细胞核的真核藻类，也包括不具有细胞核的蓝细菌。微藻能够进行光合作用，释放出氧气的同时还能固定二氧化碳，大气中将近一半的氧气来源于微藻的光合作用。一些微藻能产生对人类有益的化学品，比如雨生红球藻能产生虾青素，虾青素具有一系列保健功能，有“抗氧化之王”的美名。

厌氧：微生物对氧气的偏好程度，厌氧菌是指生长时不需要氧气的微生物。破伤风梭菌就是一种厌氧菌，其在比较深的伤口内繁殖会引起破伤风。

糖酵解：指葡萄糖在细胞质中分解代谢的一个阶段，在这个过程中一个葡萄糖分子分解为 2 个丙酮酸，同时释放少量能量。在有氧条件下，丙酮酸进一步氧化分解，生成二氧化碳和水，并产生大量能量；在缺氧条件下丙酮酸被还原成乳酸。人体在剧烈运动时，能量需求增加，但氧气供给不足，肌肉处于相对缺氧的状态，通过糖酵解产生大量乳酸，为细胞提供急需的能量。运动员在剧烈运动后感觉到肌肉酸痛，就是糖酵解产生的乳酸导致的。

脱羧：在有机化学反应中，由一个碳原子、两个氧原子和一个氢原子组成的羧基从有机物中卸下来的过程，我们称之为脱羧反应。

单体：是一些复杂化合物最为基本的组成单元，同种单体或者不同单体之间可以通过共价键连接形成聚合物。比如乙烯可以通过聚合反应生成聚乙烯，前者是后者的单体。

埃博拉出血热：一种由埃博拉病毒引起，多出现于灵长动物身上的人畜共患传染病，因在埃博拉河附近发现而得名。人类通过密切接触感染动物的血液、分泌物、器官或其他体液会感染埃博拉病毒。该病的潜伏期为2—21天，典型的症状和体征包括突起发热、极度乏力、肌肉疼痛、头痛和咽喉痛。随后会出现呕吐、腹泻、皮疹、肾脏和肝脏功能受损，某些病例会同时有内出血和外出血。病人一旦开始出现症状，就具有传染性，潜伏期内没有传染性。根据过往的疫情，该病的致死率可高达25%—90%（平均致死率为50%）。目前还没有特异性的治疗方法。

甲类传染病：我国传染病防治法根据预防控制的措施强度将传染病分为甲、乙、丙三类。其中，甲类传染病又称强制管理传染病，其发病率高、传播速度快，流行时必须强制性隔离患者。目前甲类传染病有两种，即鼠疫和霍乱。

科利毒素：外科医生威廉姆·科利通过对化脓链球菌和黏质沙雷菌等多种细菌进行灭活处理，制备出的用于治疗恶性实体瘤的混合细菌制剂。但由于科利毒素治疗肿瘤机制不明、治疗效果差异性大且存在安全风险，如今已不允许用于临床治疗。

模式微生物：一般指受到广泛研究、研究人员较为了解的微生物。常见的模式微生物有大肠杆菌和酿酒酵母。当研究人员想要研究一些复杂的生物学问题时，以模式微生物为对象，不确定因素对所要研究问题的干扰相对较小。

卡尔文循环：光合作用固定二氧化碳的代谢途径，3–磷酸甘油酸是该循环直接的固碳产物，由美国加州大学伯克利分校梅尔文·卡尔文及其同事于 20 世纪 50 年代所阐明，又因为固定二氧化碳是通过循环途径进行的，故称卡尔文循环。该循环的发现者梅尔文·卡尔文于 1961 年获得诺贝尔化学奖。

分压：物理学中，假设从混合气体系统中排除某种气体以外的所有其他气体，而保持系统体积和温度不变，此时气体所具有的压强，称为混合气体中这一种气体的分压。对于一个确定的体系，某种气体的分压越大意味着在这个体系中该种气体的含量越多。

美杜莎项目：美国空军大学的一项旨在开发针对

于飞机的原型着陆带，以确保在未来的军事冲突中，在严峻地点的空运业务能够连续进行的研究项目，项目组成员包括一名工程师、一名战斗系统军官和一名情报官员。该项目主要尝试利用某些细菌诱导碳酸钙形成的特性去加固飞机跑道，实验场所的占地面积为2500平方英尺，美国空军战略发展规划试验办公室为该项目提供了超过50万美元的资助。

著者附录

第一章 赋能准备：中心法则与 RNA 世界学说

中国科学院青岛生物能源与过程研究所——李颉 / 著

第二章 一探究竟：微生物的“弹药库”

细菌免疫系统和病毒的“军备竞赛” 中国科学院青岛生物能源与过程研究所——梁雅静 / 著

“理想微生物”诞生记 中国科学院青岛生物能源与过程研究所——李辉 / 著

微生物世界的“硬核玩家” 中国科学院青岛生物能源与过程研究所——张杉杉、栾国栋 / 著

第三章 潜能爆发：环保“小能手”

微生物与全球变暖 中国科学院青岛生物能源与过程研究所——李辉 / 著

微生物与能源利用 西北农林科技大学——韦林芳 / 著

微生物与荒漠化治理 中国科学院青岛生物能源与过程研究所——韩晓娟 / 著

微生物与塑料垃圾 中国科学院青岛生物能源与过程研究所——颜飞 / 著

北京蓝晶微生物科技有限公司——胡潇婕 / 著

第四章 休戚与共：微生物与人类健康

致病微生物与人类的战争 中国科学院青岛生物能源与过程研究所——谢玉曼 / 著

精准治疗癌症的新思路　中国科学院深圳先进技术研究院合成生物学研究所 —— 董宇轩 / 著

微生物世界的寻宝游戏　中国科学院青岛生物能源与过程研究所 —— 门萍 / 著

肠道微生物：健康守护者　中国科学院烟台海岸带研究所 —— 翟诗翔 / 著

第五章 奇思妙想：打破物种边界

微生物与植物种植：奇妙的共生友谊　中国科学院遗传与发育生物学研究所 —— 钱景美 / 著

微生物与护肤品：你的美丽，我来守护　中国科学院青岛生物能源与过程研究所 —— 谢玉曼 / 著

微生物与半导体材料：会创造"超级微生物"吗？　中国科学院青岛生物能源与过程研究所 —— 李辉 / 著

微生物与蜘蛛丝：意想不到的跨界合作　上海交通大学 —— 潘芳 / 著

微生物与角鲨烯：拯救海洋动物"大作战"　中国科学院青岛生物能源与过程研究所 —— 孙佳慧 / 著

微生物与青蒿素：一场完美的碰撞　中国科学院青岛生物能源与过程研究所 —— 门萍 / 著

第六章 炫酷运用：微生物与人类的未来

移民火星计划　中国科学院青岛生物能源与过程研究所 —— 王纬华 / 著

未来建筑材料　中国科学院青岛生物能源与过程研究所 —— 李辉 / 著

合成生物学：再创生命　北京大学 —— 张益豪 / 著

中国科学院深圳先进技术研究院合成生物学所 —— 杨炜钐 / 著

让我们一起来探索微生物的世界吧！《穿越微生物王国》配套音频，喜马拉雅热播课程，扫码马上听！

（本书所用图片未标明出处的来源于摄图新视界）